i教育 · 融合创新一体化教材　　· 挑战大学数学系列丛书

大学数学一课一练
概率论与数理统计

程　筠　郑华盛◎编

华东师范大学出版社
·上海·

图书在版编目（CIP）数据

大学数学一课一练．概率论与数理统计/程筠，郑华盛编．—上海：华东师范大学出版社，2019
ISBN 978-7-5675-9681-8

Ⅰ．①大…　Ⅱ．①程…②郑…　Ⅲ．①高等数学—高等学校—习题集②概率论—高等学校—习题集③数理统计—高等学校—习题集　Ⅳ．①O13-44②O21-44

中国版本图书馆CIP数据核字(2019)第199190号

大学数学一课一练——概率论与数理统计

编　　者　程　筠　郑华盛
责任编辑　李　琴
审读编辑　胡结梅
装帧设计　俞　越

出版发行　华东师范大学出版社
社　　址　上海市中山北路3663号　邮编200062
网　　址　www.ecnupress.com.cn
电　　话　021-60821666　行政传真021-62572105
客服电话　021-62865537　门市(邮购)电话021-62869887
地　　址　上海市中山北路3663号华东师范大学校内先锋路口
网　　店　http://hdsdcbs.tmall.com/

印 刷 者　上海龙腾印务有限公司
开　　本　787毫米×1092毫米　1/16
印　　张　7.5
字　　数　144千字
版　　次　2019年12月第1版
印　　次　2023年7月第3次
书　　号　ISBN 978-7-5675-9681-8
定　　价　32.00元

出 版 人　王　焰

前　言

为了让大学生能更好地学习高等数学、线性代数及概率论与数理统计这些大学数学课程，我们组建了一支由学科专家和具有丰富大学数学、考研数学教学与辅导经验的骨干教师构成的编写团队. 编写团队依据大学数学课程教学大纲和全国硕士研究生入学统一考试数学(一)大纲的要求，按照学生的学习特点，本着帮助学生快速梳理和高效复习基本概念、基本原理及基本方法的宗旨，编写了《挑战大学数学系列丛书》(共四本)，本书《大学数学一课一练——概率论与数理统计》即为系列丛书之二.

概率论与数理统计是面向各类高校工科和经管等很多专业的二年级学生开设的一门重要的必修基础课程. 对该课程内容掌握的好坏直接影响其后续课程的学习，该课程的内容也是全国硕士研究生入学统一考试数学(一)、数学(三)必考的主要内容.

本书内容包括：概率论的基本概念、随机变量及其分布、多维随机变量及其分布、随机变量的数字特征、大数定律及中心极限定理、样本及抽样分布、参数估计、假设检验所含章节的内容梳理、必做题型及解题过程的讲解视频.

本书的结构主要包括三个部分：① 梳理了每一节的主要内容及其知识要点，包括基本概念、性质、方法、定理及相关重要结论，并对需要注意和易于混淆的问题给出了注记；② 精心设计了每一节的必做题型、每一章的测试题及两套针对全书内容的模拟测试题，如此形成了本书的主体知识架构，所选试题由浅入深、由易到难，供学生课后完成，以巩固所学知识；③ 精心录制了微课视频，每一节内容均配有微课，老师对每一节主要内容进行了梳理与解读，对每一道必做题型的解题思路进行了分析，并对书写解题过程进行了示范.

建议学生使用本书时，分三步进行：首先，复习每一节梳理主要内容部分的每一个知识点，独立思考必做题型中每一道题的解题思路和方法，并完成解题过程；其次，通过扫一书一码，注册(只是第一次使用时需注册)并激活微课视频，观看老师对每一道必做题的解题思路的分析、解题过程的表述及讲解，并将自己的解题过程与微课视频的讲解进行对照，纠错补漏；最后，独立思考并完成每一章的测试题和两套模拟测试题. 如此，一定能快速提升自己的解题能力和信心，达到整个课程的较好的复习效果.

本书的最大亮点是：学生可以通过手机扫描书中的一书一码，在“i 教育”App 上免费观看微课.微课可以使学习不受时空限制,满足学生课前预习、课后复习以及自主学习的热忱.

本书适合学习概率论与数理统计课程的学生作为课后复习、考前备考,也适合考研基础复习阶段的学生作为该课程的辅导用书.

学生在使用本书过程中,可根据学校教学大纲对所学专业的要求与考研所报考专业对数学类别的要求,对本书内容进行适当的取舍.

如有需要,可发邮件至邮箱 tiaozhandaxuemaths@163.com 向编写团队的老师咨询.

本书在出版过程中,得到了华东师范大学出版社的大力支持和帮助,在此表示衷心的感谢!限于作者的水平和时间,书中可能会有疏漏之处,恳请读者批评指正.

编　者

2019.08

目 录

第一章　概率论的基本概念

第一节　随机事件及其运算

一、梳理主要内容

1. **随机现象的特点**：在一定条件下可能出现也可能不出现的现象.

2. **随机试验具有三个特点**：可重复性、可观察性和不确定性.（注：常用 E 表示随机试验）

3. **样本空间**：随机试验 E 的所有可能结果组成的集合. 记为 Ω.（注：样本空间取自随机试验,通常说,随机试验的样本空间）

4. **样本点**：随机试验的每个可能结果. 记为 ω（样本空间的元素）.

5. **随机事件**：样本空间的子集. 简称事件,记为 A, B,C.（注：当且仅当事件 A 中的一个样本点出现时,称事件 A 发生）

6. **特殊事件**：

（1）基本事件：只含一个样本点的事件,通常用一个样本点组成的集合 $\{\omega\}$ 表示.

（2）必然事件：每次试验必然发生的事件,即样本空间 Ω.

（3）不可能事件：每次试验都不发生的事件,即空集 $\varnothing$.

7. **事件间的关系与事件的运算**：

（1）事件 B 包含事件 A：事件 A 的发生必然导致事件 B 的发生. 记为 $A \subset B$.

（2）事件 A 与事件 B 相等：$A \subset B$ 且 $B \subset A$. 记为 $A = B$.

（3）事件 A 与事件 B 的并：事件 A 与事件 B 中至少有一个发生. 记为 $A \cup B$.

（4）事件 A 与事件 B 的交：事件 A 和事件 B 同时发生. 记为 $A \cap B$ 或 AB.

（5）事件 A 与事件 B 的差：事件 A 发生但事件 B 不发生. 记为 $A - B$.

（6）事件 A 和事件 B 互斥（互不相容）：$A \cap B = \varnothing$, 即事件 A 和事件 B 不可能同时发生.

（7）逆事件 $\overline{A}$：事件 A 不发生. 称 A 与 $\overline{A}$ 互为对立事件. 易见 $A \cup \overline{A} = \Omega$, $A \cap \overline{A} = \varnothing$.（注：互为对立事件必是互不相容事件,但互不相容事件未必互为对立事件；$A - B = A\overline{B}$）

8. **事件的运算定律**：

（1）交换律：$A \cap B = B \cap A$, $A \cup B = B \cup A$.

（2）结合律：$A \cap (B \cap C) = (A \cap B) \cap C$, $A \cup (B \cup C) = (A \cup B) \cup C$.

（3）分配律：$A \cap (B \cup C) = (A \cap B) \cup (A \cap C)$, $A \cup (B \cap C) = (A \cup B) \cap (A \cup C)$.

（4）对偶律（德摩根律）：$\overline{A \cap B} = \overline{A} \cup \overline{B}, \overline{A \cup B} = \overline{A} \cap \overline{B}$.

推广：$\overline{\bigcap_{i=1}^{n} A_i} = \bigcup_{i=1}^{n} \overline{A_i}$，$\overline{\bigcup_{i=1}^{n} A_i} = \bigcap_{i=1}^{n} \overline{A_i}$.

二、必做题型

1. 写出下列随机试验的样本空间：

（1）抛掷一枚硬币两次，观察正反面出现的情况；

（2）抛掷一枚硬币三次，观察正面出现的次数；

（3）生产产品直到有 10 件正品为止，记录生产产品的总件数；

（4）从一批灯泡中任取一只，测试其寿命.

2. 掷一颗骰子两次，事件 A 表示“两次点数之和为奇数”，事件 B 表示“两次点数之差为零”，事件 C 表示“点数之积不超过 16”，用样本点的集合表示事件 $B-A$ 与事件 BC.

3. 以事件 A 表示“甲种产品滞销，乙种产品畅销”，则其对立事件为（　　）.

（A）甲、乙两种产品均畅销　　（B）甲种产品畅销

（C）甲种产品畅销或乙种产品滞销　　（D）甲种产品畅销，乙种产品滞销

4. 设 A、B 是两个事件，用事件 A 与事件 B 的运算关系表示下列事件及其对立事件：

（1）A、B 都发生________，其对立事件为________；

（2）A、B 中至多有一个发生________，其对立事件为________；

（3）A 发生，B 不发生________，其对立事件为________.

5. 写出下列各对事件之间的关系：

(1) $A=\{x \mid x>1\}$ 与 $B=\{x \mid x \leqslant 1\}$；

(2) $A=\{x \mid x>11\}$ 与 $B=\{x \mid x<9\}$；

(3) A=｛10 件产品全是合格品｝与 B=｛10 件产品中至少有一件不合格品｝；

(4) A=｛零件直径不合格｝与 B=｛零件不合格｝.

6. 设 $\Omega=\{x \mid 0 \leqslant x \leqslant 2\}$，事件 $A=\left\{x \mid 1 \leqslant x \leqslant \frac{3}{2}\right\}$，事件 $B=\left\{x \left| \frac{1}{2} \leqslant x<1\right.\right\}$，用集合表示下列各事件：

(1) AB;

(2) $\overline{A}B$;

(3) $\overline{A \cup B}$;

(4) $A \cup \overline{B}$.

7. 设 A、B、C 是三个事件，用事件间的运算关系表示下列事件：

(1) A、B、C 都不发生；

(2) A、B、C 中至少有一个发生；

(3) A、B、C 中恰有两个发生；

(4) B 不发生，A 与 C 中至少有一个发生；

(5) A、B、C 中至少有两个发生；

(6) A、B、C 不多于一个发生.

8. 从一批产品中每次抽取一件,如此抽取三次,用 $A_i(i = 1、2、3)$ 表示事件"第 i 次取到的产品为正品",用文字叙述下列三个事件:

(1) $A_1 \cup A_2 \cup A_3$;

(2) $\overline{A}_1\overline{A}_2\overline{A}_3$;

(3) $A_1\overline{A}_2\overline{A}_3 \cup \overline{A}_1A_2\overline{A}_3 \cup \overline{A}_1\overline{A}_2A_3$.

9. 化简下列事件:

(1) $(\overline{A} \cup \overline{B})(\overline{A} \cup B)$;

(2) $(A \cup B)(A \cup \overline{B})(\overline{A} \cup B)(\overline{A} \cup \overline{B})$.

10. 判断下列说法的正确性:

(若正确,请说明理由;若不正确,请举出反例说明)

(1) 若 $A \cap C = B \cap C$, 则 $A = B$;

(2) 若 $A - C = B - C$, 则 $A = B$;

(3) 若 $AB = \varnothing$, $\overline{A}\,\overline{B} = \varnothing$, 则 $\overline{A} = B$.

第二节　概率的定义和性质

一、梳理主要内容

1. **概率的公理化定义**：设 E 是随机试验，Ω 是它的样本空间，对于 E 的每一个事件 A 赋予一个实数，记为 $P(A)$. 称 $P(A)$ 为事件 A 的概率，若 $P(A)$ 满足下列三个条件：

（1）非负性：对每一个事件 A，有 $P(A)\geqslant 0$；

（2）规范性：$P(\Omega)=1$；

（3）可列可加性：设 $A_1, A_2, \cdots$ 是两两互不相容的事件，有 $P(\bigcup\limits_{i=1}^{\infty}A_i)=\sum\limits_{i=1}^{\infty}P(A_i)$.

2. **概率的基本性质**：

（1）$P(\varnothing)=0$.（注：概率为 0 的事件未必是不可能事件；概率为 1 的事件未必是必然事件）

（2）有限可加性：设 $A_1, A_2, \cdots, A_n$ 是两两互不相容的事件，则 $P(\bigcup\limits_{i=1}^{n}A_i)=\sum\limits_{i=1}^{n}P(A_i)$.

（3）对立事件公式：$P(\overline{A})=1-P(A)$.

（4）有界性：$0\leqslant P(A)\leqslant 1$.

（5）减法公式：$P(A-B)=P(A)-P(AB)$.（注：若 $B\subset A$，则 $P(A-B)=P(A)-P(B)$，且 $P(B)\leqslant P(A)$）

（6）加法公式：$P(A\cup B)=P(A)+P(B)-P(AB)$.（注：$P(A\cup B)\leqslant P(A)+P(B)$.
$P(A\cup B\cup C)=P(A)+P(B)+P(C)-P(AB)-P(AC)-P(BC)+P(ABC)$）

二、必做题型

1. 设事件 A 与事件 B 互不相容，$P(A)=0.2$，$P(A\cup B)=0.7$，则 $P(B)=$ ________.

2. 设 A、B 是两个事件，$P(A)=0.3$，$P(B)=0.15$，$P(A\cup B)=0.4$，求 $P(AB)$、$P(A\overline{B})$.

3. 设 A、B 是两个事件，$P(A)=\frac{1}{4}$，$P(B)=\frac{1}{2}$，分别求下列情况下 $P(\overline{A}B)$ 的值：

（1）事件 A 与事件 B 互不相容；

（2）$A\subset B$；

（3）$P(AB)=\frac{1}{8}$.

4. 设 A、B 是两个事件，$P(A)=P(B)=\frac{1}{2}$，$P(A\cup B)=1$，则必有(　　).

(A) $A\cup B=\Omega$　　　　(B) $AB=\varnothing$

(C) $P(\overline{A}\cup\overline{B})=1$　　　　(D) $P(A-B)=0$

5. 设 A、B 是两个事件，$P(\overline{A})=0.5$，$P(\overline{A}B)=0.2$，$P(B)=0.4$，求：

(1) $P(AB)$；

(2) $P(A-B)$；

(3) $P(A\cup B)$；

(4) $P(\overline{A}\,\overline{B})$；

(5) $P(\overline{A}\cup\overline{B})$.

6. 设 A、B、C 是三个事件，$P(A)=P(B)=P(C)=\frac{2}{5}$，$P(AC)=\frac{1}{5}$，$P(BC)=\frac{1}{6}$，$P(AB)=0$，求：

(1) 事件 A、B、C 中至少有一个发生的概率；

(2) 事件 A、B、C 都不发生的概率.

7. 某城市发行两种报纸 A 报和 B 报，经调查，在这两种报纸的订户中，订阅 A 报的有 40%，订阅 B 报的有 35%，同时订阅两种报纸的有 8%，求只订阅一种报纸的概率.

8. 某人外出两天，根据天气预报，第一天下雨的概率为 0.5，第二天下雨的概率为 0.2，两天都下雨的概率为 0.1，求：

(1) 第一天不下雨，第二天下雨的概率；

(2) 至少有一天下雨的概率；

(3) 两天都不下雨的概率；

(4) 至少有一天不下雨的概率.

第三节　古典概型　几何概型

一、梳理主要内容

1. **古典概型的定义**：若试验的样本空间满足：(1) 只有有限个样本点；(2) 每个样本点出现的可能性相同，则称此试验为古典概型或等可能概型.

2. **古典概率的计算公式**：古典概率 $P(A)=\dfrac{\text{事件 }A\text{ 所包含的基本事件数}}{\text{基本事件总数}}$.

3. **几何概型的定义**：若(1) 样本空间 Ω 是一个可度量的几何区域；(2) 每个基本事件发生的可能性相同，即：样本点落入 Ω 中的某一可度量的子区域 S 的可能性的大小与 S 的几何度量成正比，而与 S 的位置和形状无关，则称此试验为几何概型.

4. **几何概率的计算公式**：几何概率 $P(A)=\dfrac{L(\Omega_A)}{L(\Omega)}=\dfrac{\Omega_A\text{ 的几何度量}}{\Omega\text{ 的几何度量}}$.（注：$\Omega_A$ 是事件 A 的样本点落入的区域）

5. **注记**：

   (1) 分类加法计数原理：若完成一件事有 n 类(种)不同的方式，第 i 类(种)方式有 m_i 种不同的方法，其中 $i=1,2,\cdots,n$，无论通过哪种方法都可以完成这件事，则完成这件事的方法总数为 $N=m_1+m_2+\cdots+m_n$.

   (2) 分步乘法计数原理：若完成一件事要经过 n 个步骤，第 i 个步骤有 m_i 种不同的方法，其中 $i=1,2,\cdots,n$，完成这件事必须通过每一步骤才算完成，则完成这件事的方法总数为 $N=m_1m_2\cdots m_n$.

二、必做题型

1. 同时抛掷三颗骰子，求点数之和为 4 的概率.

2. 设袋中有 5 个红球，3 个白球，现从袋中摸球三次，在下列情况下分别求前两次取到红球，第三次取到白球的概率：

   (1) 无放回抽样；

   (2) 有放回抽样.

3. 将 4 封信投入 10 个邮筒,求:

(1) 前 6 个邮筒没有信的概率;

(2) 求前两个邮筒中各有两封信的概率;

(3) 每个邮筒最多只有一封信的概率.

4. 抛掷一枚均匀的硬币三次,求:

(1) 正面至少出现一次的概率;

(2) 反面恰好出现一次的概率.

5. 设一批产品共 50 件,其中 40 件正品, 10 件次品,从中任取三件,求:

(1) 恰有一件次品的概率;

(2) 取到的全是正品的概率;

(3) 至少取到一件次品的概率.

6. 甲袋中有 5 个白球,3 个黑球,乙袋中有 4 个白球,6 个黑球,从两个袋子中各取一个球,求取到的两个球颜色相同的概率.

7. 从 6 双不同的鞋子中任取 6 只,求:

(1) 这 6 只鞋子中没有配成一双的概率;

(2) 这 6 只鞋子中至少有两只配成一双的概率;

(3) 这 6 只鞋子恰好配成三双的概率.

8. 从 0, 1, 2, …,9 这十个数字中任意取出三个不同的数字,事件 A 表示"三个数字中含 0 但是不含 5",事件 B 表示"三个数字中不含 1 或 6",求 $P(A)$ 、$P(B)$.

9. 在 1~100 的整数中任取一个数,求:

(1) 取到的整数既能被 2 整除,又能被 3 整除的概率;

(2) 取到的整数既不能被 2 整数,又不能被 3 整除的概率.

10. 随机地向半圆 $\{(x, y) \mid 0 < y < \sqrt{2ax - x^2}\}$ ($a > 0$ 是常数)内掷一点,则原点与该点的连线与 x 轴的夹角小于 $\frac{\pi}{4}$ 的概率为________.

11. 在区间 (0, 1) 中随机地取两个数,求这两个数之差的绝对值小于 $\frac{1}{4}$ 的概率.

第四节　条件概率　乘法公式

一、梳理主要内容

1. **条件概率**：设 A、B 是两个事件，且 $P(A)>0$，称 $\frac{P(AB)}{P(A)}$ 为事件 A 发生条件下，事件 B 发生的条件概率，记为 $P(B\mid A)=\frac{P(AB)}{P(A)}$.

（注：条件概率具有无条件概率的一切性质）

2. **乘法公式**：

（1）$P(A)>0$ 时，$P(AB)=P(A)P(B\mid A)$.

（2）$P(AB)>0$ 时，$P(ABC)=P(C\mid AB)P(B\mid A)P(A)$.

（3）$P(A_1A_2\cdots A_{n-1})>0$ 时，

$$P(A_1A_2\cdots A_n)=P(A_n\mid A_1A_2\cdots A_{n-1})P(A_{n-1}\mid A_1A_2\cdots A_{n-2})\cdots P(A_2\mid A_1)P(A_1).$$

二、必做题型

1. 设 A、B 是两个事件，$P(B\mid A)=1$，则（　　）.

（A）$P(A\overline{B})=0$　　　　（B）A 为必然事件

（C）$P(B\mid\overline{A})=0$　　　　（D）$A\subset B$

2. 设 A、B 是两个事件，$P(A)=0.3$，$P(B)=0.4$，$P(A\mid B)=0.5$，求 $P(B\mid A)$.

3. 设 A、B 是两个事件，$P(A)=0.5$，$P(A-B)=0.2$，求 $P(B\mid A)$.

4. 设A、B是两个事件，$P(A)=0.5$，$P(B)=0.2$，$P(A\cup B)=0.6$，求$P(B|A)$、$P(A|\overline{B})$.

5. 设A、B是两个事件，$P(A)=0.4$，$P(A\cup B)=0.7$，$P(A|B)=0.45$，求$P(B)$.

6. 设A、B是两个事件，$P(A)=\frac{1}{4}$，$P(B|A)=\frac{1}{2}$，$P(A|B)=\frac{1}{3}$，求$P(A\cup B)$.

7. 袋中有3个红球，2个白球，现从袋中不放回地取球两次，每次取一个球，已知第一次取到红球，求第二次取到白球的概率.

8. 设一批产品中有一、二、三等品，其中一等品占50%，二等品占30%，三等品占20%，从中任意抽取一件产品，结果不是三等品，求取出的是二等品的概率.

9. 设一盒乒乓球有5个新球，4个旧球，作不放回抽样，每次任取一个，共取两次，

（1）已知第一次取到的是新球，求第二次取到的是旧球的概率；

（2）求第二次才取到新球的概率.

10. 某三口之家，根据以往资料表明，患某种传染病的概率有以下规律：$P\{孩子得病\}=0.6$，$P\{母亲得病|孩子得病\}=0.5$，$P\{父亲得病|母亲及孩子得病\}=0.4$，求母亲及孩子得病但父亲未得病的概率.

11. 某液晶屏第一次落下打破的概率为$\frac{2}{3}$，若第一次落下未打破，第二次落下打破的概率为$\frac{4}{5}$，若前两次落下未打破，第三次落下打破的概率为$\frac{9}{10}$，求该液晶屏落下三次均未打破的概率.

第五节　全概率公式　贝叶斯公式

一、梳理主要内容

1. 全概率公式： 设 $B_1, B_2, \cdots, B_n$ 满足 $\bigcup_{i=1}^{n} B_i = \Omega$, $B_iB_j = \varnothing (i \neq j)$, i、$j = 1, 2, \cdots, n$, 即：事件 $B_1, B_2, \cdots, B_n$ 是 Ω 的一个完备事件组，$P(B_i) > 0 (i = 1, 2, \cdots, n)$，则

$$P(A) = \sum_{i=1}^{n} P(B_i)P(A \mid B_i).$$

2. 贝叶斯公式： 设事件 $B_1, B_2, \cdots, B_n$ 是 Ω 的一个完备事件组，$P(B_i) > 0$, $i = 1, 2, \cdots, n$,

$P(A) > 0$, 则 $P(B_j \mid A) = \dfrac{P(B_j)P(A \mid B_j)}{\sum_{i=1}^{n} P(B_i)P(A \mid B_i)}$, $j = 1, 2, \cdots, n.$

3. 注记：

（1）已知随机试验分成了两个阶段（或层次）进行，若第一阶段具体发生了哪一个试验结果未知，要求的是第二阶段某一结果发生的概率，则用全概率公式；若第二阶段的某一结果已知，要求此结果为第一阶段某一结果引起的概率，则用贝叶斯公式.

（2）全概率公式应用的关键在于完备事件组的确定，可将试验第一阶段的所有可能结果作为一个完备事件组.

（3）贝叶斯公式常用来计算条件概率.

二、必做题型

1. 设甲袋中有 6 个红球，4 个白球，乙袋中有 3 个红球，5 个白球，今从甲袋中任取两球放入乙袋，再从乙袋中任取一球，求取到的是白球的概率.

2. 设男人中有 5%是色盲患者，女人中有 0.25%是色盲患者，现被检查的人群中有 3 000 个男人，2 000 个女人，从中随机挑选一人，

（1）求此人是色盲患者的概率；

（2）已知选出的人是色盲患者，求此人是男性的概率.

3. 一道单项选择题同时列出四个答案,一个考生可能真正理解而选对答案,也可能胡乱猜一个,如果他知道正确答案的概率为 $\frac{2}{3}$, 猜对的概率为 $\frac{1}{4}$,

(1) 求他选对答案的概率;

(2) 如果已知他选对了,求他确实知道正确答案的概率.

4. 钥匙掉了,掉在宿舍里,掉在教室里,掉在路上的概率分别为 0.5,0.3,0.2,而掉在上述地方被找到的概率分别为 0.7,0.3,0.1,

(1) 求找到钥匙的概率;

(2) 若找到了钥匙,求在宿舍里被找到的概率.

5. 设一医生对某种疾病能正确诊断的概率为 0.8,当诊断正确时,他能治愈的概率为 0.9,若未被确诊,病人痊愈的概率为 0.1,现任选一病人,已知他痊愈,求他是被医生确诊的概率.

6. 设某批产品中, 甲, 乙, 丙三厂生产的产品分别占 40%, 40%, 20%, 各厂产品的次品率分别为 4%, 2%, 5%, 现从中任取一件,

(1) 求取到的是正品的概率;

(2) 经检验发现取到的产品为次品, 求该产品是乙厂生产的概率.

第六节　独 立 性

一、梳理主要内容

1. **两个事件相互独立的定义：**若事件 A 与事件 B,满足 $P(AB)=P(A)P(B)$，则称事件 A 与 B 是相互独立的.（注：(1) 若事件 A 的发生与事件 B 的发生之间没有关系,则可认为事件 A、B 是相互独立的. (2) 若 $P(A)>0$, $P(B)>0$, 则事件 A 与 B 相互独立、事件 A 与 B 互不相容是不可能同时成立的）

2. **两个事件相互独立的性质：**

   (1) 若事件 A 与 B 相互独立,则事件 A 与 $\overline{B}$ 、事件 $\overline{A}$ 与 B、事件 $\overline{A}$ 与 $\overline{B}$ 也相互独立.

   (2) 当 $0<P(A)<1$ 时,事件 A 与 B 相互独立 $\Leftrightarrow P(B\mid A)=P(B)\Leftrightarrow P(B\mid A)=P(B\mid \overline{A})$.

3. **多个事件相互独立的定义：**若事件 A、B、C 满足：$P(AB)=P(A)P(B)$、$P(BC)=P(B)P(C)$、$P(AC)=P(A)P(C)$、$P(ABC)=P(A)P(B)P(C)$，则称事件 A、B、C 相互独立.

   设事件 $A_1, A_2, \cdots, A_n$，若对于任意 $k(1<k\leqslant n)$，任意 $i_k(1\leqslant i_1<i_2<\cdots<i_k\leqslant n)$，满足 $P(A_{i_1}A_{i_2}\cdots A_{i_k})=P(A_{i_1})P(A_{i_2})\cdots P(A_{i_k})$，则称事件 $A_1, A_2, \cdots, A_n$ 相互独立.

   设事件 $A_1, A_2, \cdots, A_n$，若对于任意 i、j,有 $P(A_iA_j)=P(A_i)P(A_j)$，其中 $i\neq j$ 且 i、$j=1, 2, \cdots, n$，则称事件 $A_1, A_2, \cdots, A_n$ 两两独立.

   （注：由相互独立可以推出两两独立. 但两两独立不能推出相互独立）

4. **多个事件相互独立的性质：**

   (1) 当事件 $A_1, A_2, \cdots, A_n$ 相互独立时,它们的部分事件也相互独立.

   (2) 将相互独立的 n 个事件中的任何几个事件换成它们的对立事件所得到的新的 n 个事件也相互独立.

   (3) 若 $A_1, A_2, \cdots, A_n$ 相互独立,则 $P(A_1\cup A_2\cup\cdots\cup A_n)=1-P(\overline{A}_1)P(\overline{A}_2)\cdots P(\overline{A}_n)$.

二、必做题型

1. 设事件 A 与 B 相互独立，$P(A)=0.3$, $P(B)=0.4$, 则 $P(A\cup B)=$ ________, $P(A\overline{B})=$ ________.

2. 设事件 A 与 B 相互独立，$P(A)=0.2$, $P(A\cup B)=0.5$, 则 $P(B)=$ ________, $P(B\mid A)=$ ________.

3. 设事件 A 与 B 互不相容, $P(A) > 0$, $P(B) > 0$, 则(　　).

(A) $P(A \mid B) = 0$　　　　(B) $P(AB) = P(A)P(B)$

(C) $P(A) = 1 - P(B)$　　　　(D) $P(A \mid B) > 0$

4. 甲、乙两射手射击同一个目标,他们击中目标的概率分别为 0.7 和 0.8. 甲先射击,若甲未击中再由乙射击,设两人的射击是相互独立的,求目标被击中的概率.

5. 若 $P(A)$ 与 $P(B)$ 均大于 0,证明:事件 A 与 B 相互独立的充要条件是 $P(B \mid A) = P(B \mid \overline{A})$.

6. 有甲、乙两批种子,发芽率分别为 0.7 和 0.6. 在两批种子中各任取一粒,设各种子是否发芽相互独立,求:

(1) 两粒种子都发芽的概率;

(2) 两粒种子都不发芽的概率;

(3) 至少有一粒种子发芽的概率;

(4) 至多只有一粒种子发芽的概率.

7. 设事件 A、B、C 两两独立,证明:事件 A、B、C 相互独立的充要条件是事件 AB 与 C 相互独立.

8. 已知甲、乙两袋中分别装有编号为 1、2、3、4 的四个球. 今从甲、乙两袋中各取出一球，设 $A=\{$从甲袋中取出的是偶数号球$\}$，$B=\{$从乙袋中取出的是奇数号球$\}$，$C=\{$从两袋中取出的都是偶数号球或都是奇数号球$\}$，试证事件 A、B、C 两两独立但不相互独立.

9. 甲、乙、丙三名同学各自去解答一道数学难题，甲能解出的概率为 $\frac{1}{4}$，乙能解出的概率为 $\frac{1}{5}$，丙能解出的概率为 $\frac{1}{3}$. 求：

（1）三人都解出难题的概率；

（2）恰有一人解出难题的概率；

（3）难题被解出的概率.

10. 设事件 A、B、C 相互独立，$P(A)=P(B)=P(C)$，$P(A\cup B\cup C)=\frac{37}{64}$，求 $P(A)$.

11. 一射手对同一目标独立地进行四次射击，若至少命中一次的概率为 $\frac{80}{81}$，求该射手进行一次射击的命中率.

第一章　概率论的基本概念　测试题

1. 设 A、B 是两个事件，$P(\overline{A})=0.5$，$P(B)=0.6$，$P(A\overline{B})=0.3$，求 $P(B\mid A\cup\overline{B})$.

2. 调查某单位得知，购买空调的占15%，购买电脑的占12%，购买电视机的占20%，其中购买空调与电脑的占6%，购买空调与电视机的占10%，购买电脑和电视机的占5%，三种电器都购买的占2%，求：

(1) 至少购买一种电器的概率；

(2) 至多购买一种电器的概率.

3. 在空战训练中，若甲机先向乙机开火，击落乙机的概率为0.2；若乙机未被击落，就进行还击，击落甲机的概率为0.3；若甲机未被击落，则再进攻乙机，击落乙机的概率为0.4，在这几个回合中，求：

(1) 甲机被击落的概率；

(2) 乙机被击落的概率.

4. 一箱产品中有10件产品,其中4件次品,6件正品,验收时,从中任取2件,若发现其中有次品,就拒绝接受. 已知检验时,把正品误判为次品的概率为0.02,而把次品误判为正品的概率为0.05,求这箱产品被接受的概率.

5. 盒中装有5个红球和3个白球,袋中装有4个红球和2个白球,从袋中任取2个球放入盒中,然后从盒中任取一个球,

(1) 求这个球是白球的概率;

(2) 已知从盒中所取的球是白球,求从袋中取出的两个球中没有白球的概率.

6. 加工某一零件共需经过四道工序, 已知各道工序的次品率如下: 第一道工序是2%,第二道工序是3%,第三道工序是5%,第四道工序是2%. 假定各道工序是互不影响的, 求加工出来的零件的次品率.

第二章　随机变量及其分布

第一节　随机变量的定义　离散型随机变量及其分布

一、梳理主要内容

1. **随机变量的概念**：称定义在样本空间 Ω 上的实值函数 $X=X(\omega)$，其中 $\omega\in\Omega$ 为随机变量，简记为 X.（注：随机变量分为离散型和非离散型两大类）

2. **离散型随机变量**：所有可能取值为有限个或无限可列个的随机变量称为离散型随机变量.

3. **离散型随机变量的分布律**：称 $P\{X=x_i\}=p_i$，$i=1,2,\cdots$，为 X 的分布律、分布列或概率分布.

4. **离散型随机变量分布律的性质**：(1) $p_i\geqslant 0$，$i=1,2,\cdots$；(2) $\sum\limits_{i=1}^{\infty}p_i=1$.

5. **常见离散型随机变量的分布**：

（1）0-1 分布：分布律为 $P\{X=i\}=p^i(1-p)^{1-i}$，$i=0、1$，$0<p<1$.

（2）二项分布 $B(n,p)$：分布律为 $P\{X=k\}=C_n^k p^k(1-p)^{n-k}$，$k=0,1,\cdots,n$，$0<p<1$.

（3）泊松分布 $P(\lambda)$：分布律为 $P\{X=k\}=\dfrac{\lambda^k}{k!}e^{-\lambda}$，$k=0,1,2,\cdots$，$\lambda>0$.

6. **注记**：

（1）二项分布的数学模型是伯努利概型，即：若 X 表示 n 重伯努利试验中事件 A 发生的次数，则 $X\sim B(n,p)$，其中 $P(A)=p$.

（2）若 $X\sim B(n,p)$，则使得 $P\{X=k\}$ 取得最大值的 k 为：当 $(n+1)p$ 是整数时，$k=(n+1)p$ 或 $(n+1)p-1$；当 $(n+1)p$ 不是整数时，$k=[(n+1)p]$.

（3）泊松近似：若 $X\sim B(n,p)$，当 n 很大（$n\geqslant 100$），p 很小（$p\leqslant 0.1$），np 不太大时，X 近似服从参数为 $\lambda=np$ 的泊松分布.

（4）若离散型随机变量 X 的分布律为 $P\{X=x_i\}=p_i$，$i=1,2,\cdots$，则 $P\{X\in I\}=\sum\limits_{x_i\in I}p_i$.

二、必做题型

1. 盒中装有 9 个大小相同的球，编号为 1，2，3，…，9，从中任取一个，观察号码是“小于 4”、“大于 4”、“等于 4”的情况，试定义一个随机变量表达上述随机试验的结果，并写出该随机变量取每个特定值的概率.

2. 下列表中列出的是否是某个随机变量的分布律?

X	1	2	4
p	0.2	0.3	0.6

3. 设随机变量 X 的分布律为 $P\{X=k\}=a\left(\frac{2}{5}\right)^k$, $k=0, 1, 2, \cdots$, 则常数 $a=$ ________.

4. 设随机变量 X 的分布律为

X	-1	0	2	4
p	0.2	0.3	0.1	0.4

求下列概率:

(1) $P\{X<3\}$;

(2) $P\left\{-\frac{1}{2}<X\leqslant 2\right\}$;

(3) $P\{X\leqslant 2 \mid X\neq 0\}$.

5. 一袋中装有 6 个球，编号为 1, 2, 3, 4, 5, 6, 在袋中同时取 3 个球，以 X 表示取出的 3 个球中的最大号码，求随机变量 X 的分布律.

6. 袋中有 6 个黑球，4 个白球，每次从中任取一个，以 X 表示首次取出黑球的取球次数，试在下列两种情况下，求随机变量 X 的分布律：

(1) 每次取出的球不放回；

(2) 每次取出的球都放回去.

7. 设离散型随机变量 X 的所有可能取值为 1, 2, 3, 4, 5, 且 $P\{|X-2.8|>0.5\}=0.8$，求 $P\{X=3\}$.

8. 若每次命中目标的概率为 0.8,射击了 10 炮.求:

(1) 命中 2 炮的概率;

(2) 至少命中 2 炮的概率;

(3) 至多命中 1 炮的概率;

(4) 最可能命中几炮.

9. 一电话交换台每分钟收到的呼唤次数服从参数为 4 的泊松分布,求:

(1) 每分钟恰有 7 次呼唤的概率;

(2) 每分钟的呼唤次数大于 2 的概率.

10. 设随机变量 X 服从参数为 λ 的柏松分布,且 $P\{X=0\}=e^{-3}$, 则 $P\{X>1\}=$ ________.

11. 一批产品的不合格率为 0.02,现从中任取 40 件进行检查,若发现两件及两件以上不合格品就拒收这批产品,试求这批产品被拒收的概率(利用泊松近似).

12. 现有 300 台同类型设备,各台工作相互独立,发生故障的概率为 0.01,一台设备的故障可由一个人来处理(我们也只考虑这种情况),求至少需配备多少工人,才能保证设备发生故障但不能及时维修的概率小于 0.01(利用泊松近似).

第二节　随机变量的分布函数

一、梳理主要内容

1. 随机变量分布函数的定义：设 X 是随机变量，x 是任意实数，称函数 $F(x)=P\{X\leqslant x\}$ 为随机变量 X 的分布函数.（注：分布函数是一个普通的实函数，定义域为 $(-\infty,+\infty)$，表示随机变量 X 落在区间 $(-\infty,x]$ 上的概率）

2. 随机变量分布函数的性质：

（1）$0\leqslant F(x)\leqslant 1$，且 $F(x)$ 是 x 的单调不减函数，即 $x_1<x_2$ 时，$F(x_1)\leqslant F(x_2)$.

（2）$F(-\infty)=\lim\limits_{x\to-\infty}F(x)=0$，$F(+\infty)=\lim\limits_{x\to+\infty}F(x)=1$.

（3）$F(x)$ 是右连续的.（注：若一个函数满足以上三条特征，则该函数必为某个随机变量的分布函数；性质(2)与性质(3)可用来确定分布函数中的未知参数）

（4）对任意 $x_1<x_2$，有 $P\{x_1<X\leqslant x_2\}=F(x_2)-F(x_1)$.

（5）$P\{X<a\}=F(a-0)$；$P\{X=a\}=F(a)-F(a-0)$.（注：若分布函数 $F(x)$ 在 x 处连续，则 $P\{X=x\}=F(x)-F(x-0)=0$）

3. 离散型随机变量的分布函数：

设离散型随机变量 X 的分布律为

X	x_1	x_2	$\cdots$	x_n	$\cdots$
p_i	p_1	p_2	$\cdots$	p_n	$\cdots$

.

则 X 的分布函数为 $F(x)=P\{X\leqslant x\}=\sum\limits_{x_i\leqslant x}P\{X=x_i\}=\sum\limits_{x_i\leqslant x}p_i$.

（注：离散型随机变量的分布函数一定是一个阶梯函数.反过来，若一个随机变量的分布函数是一个阶梯函数，则此随机变量必为离散型随机变量）

二、必做题型

1. 判断下列函数能否成为某个随机变量的分布函数：

（1）$F(x)=\begin{cases}0, & x<0,\\ 2x, & 0\leqslant x<1,\\ 1, & x\geqslant 1;\end{cases}$　　（2）$F(x)=\begin{cases}0, & x<0,\\ \sin x, & 0\leqslant x<\dfrac{\pi}{2},\\ 1, & x\geqslant\dfrac{\pi}{2};\end{cases}$

(3) $F(x)=\begin{cases}0, & x<0,\\ \operatorname{arccot}x, & 0\leqslant x<1,\\ 1, & x\geqslant 1;\end{cases}$　　(4) $F(x)=\dfrac{x^2}{1+x^2}$.

2. 设随机变量 X_1、X_2 的分布函数为 $F_1(x)$、$F_2(x)$，为使 $F(x)=aF_1(x)-bF_2(x)$ 为某个随机变量的分布函数，在下列各组数中应取(　　).

(A) $a=\dfrac{4}{5}, b=-\dfrac{1}{5}$　(B) $a=\dfrac{2}{3}, b=\dfrac{2}{3}$　(C) $a=-\dfrac{1}{2}, b=\dfrac{3}{2}$　(D) $a=\dfrac{1}{2}, b=-1$

3. 设随机变量 X 的分布函数为 $F(x)=\begin{cases}a, & x<0,\\ 1-e^{-x}, & 0\leqslant x<2,\\ b, & x\geqslant 2,\end{cases}$ 则常数 $a=$____；常数 $b=$____；$P\{X\leqslant 1\}=$____；$P\left\{-1<X\leqslant\dfrac{1}{2}\right\}=$____；$P\{X<2\}=$____；$P\{X=2\}=$____.

4. 设随机变量 X 的分布函数为 $F(x)=\begin{cases}a+b\arctan x, & x\leqslant 1,\\ 1, & x>1,\end{cases}$ 求：

(1) 常数 a、b；

(2) $P\{-1<X\leqslant 1\}$，$P\{-1<X<1\}$.

5. 设离散型随机变量 X 的分布函数为 $F(x)$，其分布律为

X	-1	0	3	4
p	0.2	0.3	0.1	A

求：常数 A、$F(-2)$、$F(1)$、$F(6)$.

6. 将一颗骰子抛掷3次，观察出现5点的次数，用 X 表示出现5点的次数，求 X 的分布律和分布函数.

7. 设随机变量 X 的分布函数为 $F(x)=\begin{cases}0, & x<-1,\\ 0.4, & -1\leqslant x<2,\\ 0.8, & 2\leqslant x<3,\\ 1, & x\geqslant 3,\end{cases}$ 求：

(1) X 的分布律；

(2) 方程 $x^2+xX+1=0$ 有实根的概率.

第三节　连续型随机变量及其概率密度

一、梳理主要内容

1. **连续型随机变量及其概率密度的定义**：如果对随机变量 X 的分布函数 $F(x)$，存在非负可积函数 $f(x)$，使得对于任意实数 x 有 $F(x)=\int_{-\infty}^{x} f(t)\,\mathrm{d}t$，则称 X 为连续型随机变量，称 $f(x)$ 为 X 的概率密度，记为 $X \sim f(x)$.

（注：连续型随机变量的分布函数一定连续，但概率密度未必连续. 连续型随机变量 X 取任何指定值的概率为零，即：对任意实数 a，有 $P\{X=a\}=0$）

2. **概率密度的性质**：

（1）$f(x) \geqslant 0$；

（2）$\int_{-\infty}^{+\infty} f(x)\,\mathrm{d}x=1$.（注：这两条性质是判断函数 $f(x)$ 是否是某个随机变量 X 的概率密度的充要条件；性质（2）通常用来确定概率密度中的未知参数）

（3）设连续型随机变量 X 的概率密度为 $f(x)$，则 $P\{X \in I\}=\int_{x \in I} f(x)\,\mathrm{d}x$. 特别地，$P\{a<X<b\}=P\{a<X \leqslant b\}=P\{a \leqslant X<b\}=P\{a \leqslant X \leqslant b\}=\int_{a}^{b} f(x)\,\mathrm{d}x$. 即：连续型随机变量落在某一区间内的概率与区间的开闭无关.

（4）在 $f(x)$ 的连续点处，$F'(x)=f(x)$.

二、必做题型

1. 下列函数中可以作为连续型随机变量的概率密度的是（　　）.

（A）$f(x)=\begin{cases}3\mathrm{e}^{-3x}, & x>0, \\ 0, & x \leqslant 0\end{cases}$　　（B）$f(x)=\begin{cases}\dfrac{2x}{1+x^{2}}, & x>0, \\ 0, & x \leqslant 0\end{cases}$

（C）$f(x)=\dfrac{x}{(1+x^{2})^{3}}$　　（D）$f(x)=\dfrac{1}{1+x^{2}}$

2. 设连续型随机变量 X 的分布函数为 $F(x)$，且 $F(x)=\int_{-\infty}^{x} f(t)\,\mathrm{d}t$，则（　　）.

（A）$f(x)=\begin{cases}x, & 0<x<1, \\ 0, & \text{其他}\end{cases}$　　（B）$f(x)=\begin{cases}x, & 0<x<\sqrt{2}, \\ 0, & \text{其他}\end{cases}$

(C) $f(x)=\begin{cases} x, & -1<x<1, \\ 0, & \text{其他} \end{cases}$　　(D) $f(x)=\begin{cases} x, & -2<x<1, \\ 0, & \text{其他} \end{cases}$

3. 设函数 $F(x)=\begin{cases} 0, & x<0, \\ \dfrac{x}{2}, & 0\leqslant x<1, \\ 1, & x\geqslant 1, \end{cases}$ 则下列叙述正确的是(　　).

(A) $F(x)$ 是某随机变量的分布函数　　(B) $F(x)$ 是离散型随机变量的分布函数

(C) $F(x)$ 不是分布函数　　(D) $F(x)$ 是连续型随机变量的分布函数

4. 设连续型随机变量 X 的概率密度为 $f(x)=\begin{cases} cx^2+x, & 0\leqslant x\leqslant \dfrac{1}{2}, \\ 0, & \text{其他}, \end{cases}$ 求：

(1) 常数 c；

(2) X 的分布函数 $F(x)$；

(3) $P\left\{X<\dfrac{1}{3}\right\}$；

(4) $P\left[\left\{\dfrac{1}{5}<X<\dfrac{1}{4}\right\}\cup\{X=2\}\right]$.

5. 设连续型随机变量 X 的概率密度为 $f(x)=\begin{cases} A\cos x, & -\dfrac{\pi}{2}\leqslant x\leqslant \dfrac{\pi}{2}, \\ 0, & \text{其他}, \end{cases}$ 求：

(1) 常数 A；

(2) X 的分布函数 $F(x)$；

(3) X 落在区间 $\left(0,\dfrac{\pi}{4}\right)$ 内的概率.

6. 设连续型随机变量 X 的概率密度为 $f(x)=\begin{cases} Ax, & 1<x<2, \\ B, & 2<x<3, \\ 0, & \text{其他}, \end{cases}$ 且

$P\{1<X<2\}=P\{2<X<3\}$，求：

(1) 常数 A、B；

(2) X 的分布函数 $F(x)$.

7. 设连续型随机变量 X 的分布函数为 $F(x)=\begin{cases}0, & x<0,\\ Ax^2, & 0\leqslant x<1,\\ 1, & x\geqslant 1,\end{cases}$ 求：

（1）常数 A；

（2）X 的概率密度 $f(x)$；

（3）$P\{X>0.7\}$.

8. 设连续型随机变量 X 的分布函数为 $F(x)=\begin{cases}0, & x<0,\\ 1-Ae^{-2x}, & x\geqslant 0,\end{cases}$ 求：

（1）常数 A；

（2）$P\{1<X<2\}$.

9. 设连续型随机变量 X 的概率密度为 $f(x)=\begin{cases}2x, & 0<x<1,\\ 0, & 其他,\end{cases}$ 以 Y 表示对 X 的三次独立观察中事件 $\left\{X\leqslant \dfrac{1}{3}\right\}$ 出现的次数，求 $P\{Y\geqslant 1\}$.

10. 一电子管的寿命（单位：h）为随机变量 X，X 的概率密度为 $f(x)=\begin{cases}\dfrac{100}{x^2}, & x\geqslant 100,\\ 0, & 其他,\end{cases}$ 某电子设备内配有三个这样的电子管，电子管工作相互独立，只有当三个电子管正常工作时，设备才正常工作，求该电子设备使用 150 h 都不需要更换电子管的概率.

第四节　常见连续型随机变量的分布

一、梳理主要内容

1. **均匀分布 $U(a,b)$**：概率密度为 $f(x)=\begin{cases}\dfrac{1}{b-a}, & a<x<b,\\ 0, & \text{其他}.\end{cases}$

（注：若 $X\sim U(a,b)$，则 X 落在区间 (a,b) 的任一子区间内的概率与区间的位置无关，与子区间的长度成正比，即 $P\{c<X\leqslant c+l\}=\dfrac{l}{b-a}$，$(c,c+l]\subset(a,b)$）

2. **指数分布 $E(\lambda)$**：概率密度为 $f(x)=\begin{cases}\lambda e^{-\lambda x}, & x>0,\\ 0, & x\leqslant 0,\end{cases}$ 其中常数 $\lambda>0$.

（注：指数分布具有无记忆性，即：若 $X\sim E(\lambda)$，则 $P\{X>s+t\mid X>s\}=P\{X>t\}$，其中 t、$s>0$）

3. **正态分布 $N(\mu,\sigma^2)$**：概率密度为 $f(x)=\dfrac{1}{\sqrt{2\pi}\sigma}e^{-\frac{(x-\mu)^2}{2\sigma^2}}$，$-\infty<x<+\infty$，其中 μ、σ 为常数，且 $\sigma>0$. 特别地，当 $\mu=0$，$\sigma=1$ 时，称为标准正态分布 $N(0,1)$，其概率密度为 $\varphi(x)=\dfrac{1}{\sqrt{2\pi}}e^{-\frac{x^2}{2}}$，$-\infty<x<+\infty$，记其分布函数为 $\Phi(x)$.

常用结论：(1)若 $X\sim N(\mu,\sigma^2)$，则 $\dfrac{X-\mu}{\sigma}\sim N(0,1)$.

(2) 若 $X\sim N(\mu,\sigma^2)$，则 $P\{a<X<b\}=\Phi\left(\dfrac{b-\mu}{\sigma}\right)-\Phi\left(\dfrac{a-\mu}{\sigma}\right)$.

(3) $\Phi(-x)=1-\Phi(x)$，$\Phi(0)=\dfrac{1}{2}$.

4. **上 α 分位点**：若 $X\sim N(0,1)$，$P\{X>u_\alpha\}=\alpha(0<\alpha<1)$，则称点 u_α 是标准正态分布的上 α 分位点.

（注：$\Phi(u_\alpha)=1-\alpha$，$u_{1-\alpha}=-u_\alpha$，$P\{|X|>u_{\frac{\alpha}{2}}\}=\alpha$）

二、必做题型

1. 设随机变量 ξ 在区间 $(-2,5)$ 上服从均匀分布，求方程 $4x^2+4\xi x+\xi+2=0$ 有实根的概率.

2. 设汽车站每隔 6 min 有一辆公共汽车通过,乘客到达车站的任一时刻是等可能的,求乘客候车时间不超过 4 min 的概率.

3. 某种电子元件的寿命 X(单位: h)服从参数为 $\frac{1}{1\,000}$ 的指数分布,求 4 个这样的电子元件使用 1 000 h, 至少已有一个损坏的概率.

4. 设随机变量 $X \sim N(0, 1)$, 求:

(1) $P\{0 < X < 2\}$;

(2) $P\{X \geqslant 1.25\}$;

(3) $P\{-1 < X < 0.05\}$;

(4) $P\{|X| \leqslant 2.33\}$.

5. 设随机变量 $X \sim N(3, 4)$, 其概率密度为 $f(x)$,

(1) 求 $P\{-1 < X < 3\}$, $P\{X > 2\}$, $P\{|X| \geqslant 2\}$;

(2) 若 $\int_{-\infty}^{a} f(x)\,\mathrm{d}x = \int_{a}^{+\infty} f(x)\,\mathrm{d}x$, 求常数 a;

(3) 设 b 满足 $P\{X > b\} \geqslant 0.9$, 问 b 至多为多少?

6. 设随机变量 $X \sim N(\mu, \sigma^2)$，则 $P\{|X-\mu|<\sigma\}$（ ）.

（A）与 μ 及 σ^2 都有关 （B）与 μ 有关，与 σ^2 无关

（C）与 μ 无关，与 σ^2 有关 （D）与 μ 及 σ^2 都无关

7. 设随机变量 $X \sim N(\mu, \sigma^2)$，则（ ）.

（A）对任意实数 $a \geqslant 0$，有 $P\{X \leqslant -a\} = 1 - P\{X \leqslant a\}$

（B）只有当 $\mu = 0$ 时，A 才正确

（C）只有当 $\mu = 0$，$\sigma = 1$ 时，A 才正确

（D）以上都不正确

8. 由某机器生产的螺栓长度（单位：cm）服从正态分布 $N(10.05, 0.06^2)$，规定长度范围在 10.05 ± 0.12 内为合格品，求一螺栓为不合格品的概率.

9. 设随机变量 $X \sim N(2, \sigma^2)$，且 $P\{2 < X < 4\} = 0.3$，求 $P\{X \leqslant 0\}$、$P\{X \leqslant 2\}$.

10. 设某项竞赛成绩 $X \sim N(65, 100)$，若按参赛人数的 10% 发奖，问获奖分数线应定为多少？

11. 证明：

（1）$\Phi(u_\alpha) = 1 - \alpha$；

（2）$u_{1-\alpha} = -u_\alpha$.

第五节　随机变量函数的分布

一、梳理主要内容

1. **离散型随机变量函数的分布**：设随机变量 X 的分布律为 $P\{X=x_k\}=p_k(k=1,2,\cdots)$，则随机变量 $Y=g(X)$ 仍是离散型随机变量，分布律为

$$P\{Y=y_k\}=P\{g(X)=y_k\}=\sum_{g(x_k)=y_k}p_k,\ k=1,2,\cdots.$$

2. **连续型随机变量函数的分布**：

（1）分布函数法：设连续型随机变量 X 的概率密度为 $f(x)$，若 $Y=g(X)$ 的分布函数为 $F_Y(y)$，则 $F_Y(y)=P\{Y\leqslant y\}=P\{g(X)\leqslant y\}=\int_{g(x)\leqslant y}f(x)\,\mathrm{d}x$；若 $F_Y(y)$ 连续，且除个别点外，$F'_Y(y)$ 存在且连续，则 Y 的概率密度为 $f_Y(y)=F'_Y(y)$.

（注：应先根据 X 的有效取值范围（即 X 的概率密度不为零的区间）确定 Y 的有效取值范围，再确定是否对 y 进行分段讨论）

（2）公式法：设 X 的概率密度为 $f_X(x)$，$y=g(x)$ 是单调，导数不为零的可导函数，$x=h(y)$ 为其反函数，则 $Y=g(X)$ 必为连续型随机变量，且其概率密度为 $f_Y(y)=\begin{cases}f_X[h(y)]\,|h'(y)|, & \alpha<y<\beta,\\ 0, & \text{其他},\end{cases}$ 其中 (α,β) 是函数 $g(x)$ 在 X 的可能取值的区间上的值域.

二、必做题型

1. 设随机变量 X 的分布律为

X	-1	0	1	4
p	0.2	0.3	0.2	0.3

求随机变量 Y 的分布律：

（1）$Y=X+1$；

（2）$Y=X^2$.

2. 设随机变量 X 的分布函数为 $F(x)=\begin{cases}0, & x<-2,\\ 0.2, & -2\leqslant x<1,\\ 0.5, & 1\leqslant x<2,\\ 1, & x\geqslant 2,\end{cases}$ 求随机变量 Y 的分布律：

(1) $Y=|X+1|$；

(2) $Y=(X-1)^2$.

3. 设随机变量 X 的分布律为 $P\{X=k\}=\dfrac{3}{4^{k+1}}$, $k=0,1,2,\cdots$, 求随机变量 $Y=\cos(\pi X)$ 的分布律.

4. 设随机变量 X 的概率密度为 $f_X(x)=\begin{cases}2x^3\mathrm{e}^{-x^2}, & x\geqslant 0,\\ 0, & x<0,\end{cases}$ 求随机变量 Y 的概率密度：

(1) $Y=X^2$；

(2) $Y=2X+1$.

5. 设随机变量 X 的概率密度为 $f_X(x)=\begin{cases}4x^3, & 0\leqslant x\leqslant 1,\\ 0, & \text{其他},\end{cases}$ 求随机变量 Y 的概率密度：

(1) $Y=X^2$；

(2) $Y=X^3$.

6. 设随机变量 X 的概率密度为 $f_X(x) = \dfrac{A}{e^x + e^{-x}}$，求：

(1) 常数 A；

(2) $Y = X^2$ 的概率密度.

7. 设随机变量 X 在区间 $(-2, 2)$ 上服从均匀分布，求随机变量 $Y = |X|$ 的概率密度.

8. 设随机变量 X 的概率密度为 $f_X(x) = \begin{cases} 2e^{-2x}, & x > 0, \\ 0, & \text{其他}, \end{cases}$ 证明：随机变量 $Y = 1 - e^{-2X}$ 服从区间 $(0, 1)$ 上的均匀分布.

9. 设随机变量 X 的概率密度为 $f_X(x) = \begin{cases} \dfrac{8x}{\pi^2}, & 0 < x < \dfrac{\pi}{2}, \\ 0, & \text{其他}, \end{cases}$ 求随机变量 $Y = \sin X$ 的概率密度.

第二章　随机变量及其分布　测试题

1. 设随机变量 X 的分布律为

X	-2	1	2	3
p	$9/16c$	$1/2c$	$3/4c$	$5/8c$

若 $F(x)$ 是 X 的分布函数,求:

(1) 常数 c;

(2) $P\{-3 \leqslant X < 1\}$、$P\{X^2 - 4X + 3 \leqslant 0\}$;

(3) $F(x)$.

2. 设连续型随机变量 X 的概率密度 $f(x)$ 是偶函数, $F(x)$ 是 X 的分布函数. 证明: 对任意正实数 a, 有

(1) $F(-a) = 1 - F(a) = \dfrac{1}{2} - \int_0^a f(x)\,dx$;

(2) $P\{|X| < a\} = 2F(a) - 1$.

3. 设 $f_1(x)$ 为区间 $[-2, 4]$ 上均匀分布的概率密度, $f_2(x)$ 为标准正态分布的概率密度,若函数 $f(x) = \begin{cases} af_1(x), & x > 0, \\ bf_2(x), & x \leqslant 0 \end{cases}$ (其中 $a > 0$, $b > 0$)为某个随机变量的概率密度,则常数 a 与 b 应满足(　　).

(A) $a + b = 2$　　(B) $3a + 4b = 6$

(C) $4a + 3b = 6$　　(D) $a + b = 1$

4. 设电源电压 X 服从正态分布 $N(220, 25^2)$，当 $X \leqslant 200$ 时,某种电子元件损坏的概率为 0.1,当 $200 < X \leqslant 240$ 时,电子元件损坏的概率是 0.001,当 $X > 240$ 时,电子元件损坏的概率为 0.2,求该电子元件损坏的概率.

5. 设随机变量 X 的概率密度为 $f(x) = \begin{cases} \dfrac{Ax}{\pi^2}, & 0 < x < \pi, \\ 0, & 其他, \end{cases}$ 求:

（1）常数 A;

（2）随机变量 $Y = \arctan X$ 的概率密度;

（3）随机变量 $Y = \sin X$ 的概率密度.

6. 设随机变量 X 的概率密度为 $f_X(x) = \begin{cases} \dfrac{x}{8}, & 0 < x < 4, \\ 0, & 其他, \end{cases}$ 求随机变量 $Y = \max\{X, 2\}$ 的分布函数.

第三章　多维随机变量及其分布

第一节　二维随机变量及其分布　二维离散型随机变量及其分布

一、梳理主要内容

1. **二维随机变量的分布函数**：对任意实数 x、y，称函数 $F(x, y)=P\{X \leqslant x, Y \leqslant y\}$ 为二维随机变量 (X, Y) 的分布函数或 X 和 Y 的联合分布函数.

   （注：$F(x, y)=P\{X \leqslant x, Y \leqslant y\}$ 表示点 (X, Y) 落在以 (x, y) 为顶点而位于该点左下方的无穷矩形域内的概率）

2. **二维随机变量的分布函数 $F(x, y)$ 的性质**：

   (1) 对任意 x、y，有 $0 \leqslant F(x, y) \leqslant 1$；

   (2) $F(x, y)$ 是 x 和 y 的单调不减函数；

   (3) $F(x, y)$ 分别关于 x 和 y 右连续；

   (4) $F(x, -\infty)=0$, $F(-\infty, y)=0$, $F(-\infty, -\infty)=0$, $F(+\infty, +\infty)=1$；

   (5) 对任意 $x_1<x_2$、$y_1<y_2$, $P\{x_1<X \leqslant x_2, y_1<Y \leqslant y_2\}=F(x_2, y_2)+F(x_1, y_1)-F(x_1, y_2)-F(x_2, y_1) \geqslant 0$.

3. **二维随机变量的边缘分布**：设二维随机变量 (X, Y) 的分布函数为 $F(x, y)$，则 (X, Y) 关于 X 和 Y 的边缘分布函数 $F_X(x)$ 和 $F_Y(y)$ 分别为 $F(x, +\infty)$ 和 $F(+\infty, y)$，即：$F_X(x)=F(x, +\infty)=\lim\limits_{y \rightarrow+\infty} F(x, y)$；　$F_Y(y)=F(+\infty, y)=\lim\limits_{x \rightarrow+\infty} F(x, y)$.

4. **二维离散型随机变量及其分布律**：若二维随机变量 (X, Y) 的所有可能取值为有限对或无限可列对，则称 (X, Y) 为二维离散型随机变量；若二维离散型随机变量 (X, Y) 的所有可能取值为 (x_i, y_j), $i, j=1, 2, \cdots$，称 $P\{X=x_i, Y=y_j\}=p_{ij}$, $i, j=1, 2, \cdots$，为二维离散型随机变量 (X, Y) 的分布律或 X 和 Y 的联合分布律.

5. **二维离散型随机变量的分布律的性质**：

   (1) $p_{ij} \geqslant 0$, $i, j=1, 2, \cdots$；

   (2) $\sum\limits_{i=1}^{\infty} \sum\limits_{j=1}^{\infty} p_{ij}=1$.

   （注：点 (X, Y) 落入平面区域 D 内的概率为 $P\{(X, Y) \in D\}=\sum\limits_{(x_i, y_j) \in D} p_{ij}$；二维离散型随机变量 (X, Y) 联合分布函数为 $F(x, y)=P\{X \leqslant x, Y \leqslant y\}=\sum\limits_{x_i \leqslant x, y_j \leqslant y} p_{ij}$）

二、必做题型

1. 设二维随机变量 (X, Y) 的分布函数为

$$F(x, y)=\begin{cases}(1-\mathrm{e}^{-x})(1-\mathrm{e}^{-y}), & x>0, y>0, \\ 0, & \text{其他},\end{cases}$$

求 $P\{-1<X\leqslant 2, 2<Y\leqslant 4\}$.

2. 用二维随机变量 (X, Y) 的分布函数 $F(x, y)$ 表示下列概率：

(1) $P\{a<X\leqslant b, Y\leqslant c\}$；

(2) $P\{X\leqslant b, c<Y\leqslant d\}$.

3. 某人求得二维离散型随机变量 (X, Y) 的分布律为

$Y \backslash X$	0	2
1	1/12	1/6
3	1/4	1/4
4	0	1/12

判断他的计算是否正确？并说明理由.

4. 设二维随机变量 (X, Y) 的分布函数为 $F(x, y)=\begin{cases}A(1-e^{-x^2})\arctan y, & x>0, y>0, \\ 0, & 其他,\end{cases}$ 求：

(1) 常数 A；

(2) 边缘分布函数 $F_X(x)$ 与 $F_Y(y)$；

(3) $P\{-1<X \leqslant 1, Y \leqslant 1\}$.

5. 设二维随机变量 (X, Y) 的分布函数为 $F(x, y)=A\left(B+\arctan \dfrac{x}{4}\right)\left(C+\arctan \dfrac{y}{5}\right)$，

$-\infty<x<+\infty$，$-\infty<y<+\infty$，求：

(1) 常数 A、B、C；

(2) 边缘分布函数 $F_X(x)$ 与 $F_Y(y)$.

6. 设二维随机变量 (X, Y) 的分布律为

$Y \backslash X$	0	2
1	1/3	1/6
3	1/4	A

若 $F(x, y)$ 是 (X, Y) 的分布函数,求:

(1) 常数 A;

(2) $F(3, 2)$;

(3) $P\{X \leqslant 2, Y > 1\}$;

(4) $P\{X + Y = 3\}$.

7. 一个盒子中装有 8 支圆珠笔,其中有 3 支蓝色、2 支红色、3 支绿色,现从盒中一次抽取 2 支圆珠笔,以 X 和 Y 分别表示抽出的绿色和红色圆珠笔的支数,求 (X, Y) 的分布律.

8. 一袋中装有 3 个球,标有数字 1、1、2,从中任取一个,不放回袋中,再任取一个,设每次取球时,各球被取到的可能性相同,X、Y 分别表示第一、二次取到的球上标有的数字,求 (X, Y) 的分布律和分布函数.

第二节　二维连续型随机变量及其分布

一、梳理主要内容

1. 二维连续型随机变量及其概率密度: 设二维随机变量 (X, Y) 的分布函数为 $F(x, y)$，若存在一个非负、可积的二元函数 $f(x, y)$，使得对任意实数 x、y，有 $F(x, y) = \int_{-\infty}^{x}\int_{-\infty}^{y} f(s, t)\mathrm{d}s\mathrm{d}t$，则称 (X, Y) 为二维连续型随机变量，并称 $f(x, y)$ 为 (X, Y) 的概率密度或 X 和 Y 的联合概率密度.

2. 二维连续型随机变量概率密度的性质:

(1) $f(x, y) \geqslant 0$.

(2) $\int_{-\infty}^{\infty}\int_{-\infty}^{\infty} f(x, y)\mathrm{d}x\mathrm{d}y = F(+\infty, +\infty) = 1$.

(注: 性质(1)和(2)是函数 $f(x, y)$ 成为某个连续型随机变量 (X, Y) 的概率密度的充要条件;性质(2)通常用来确定概率密度中的未知参数)

(3) 设 D 是 xOy 平面上的区域,点 (X, Y) 落入 D 内的概率为

$$P\{(x, y) \in D\} = \iint_{D} f(x, y)\mathrm{d}x\mathrm{d}y.$$

(注: 计算 $P\{(x, y) \in D\}$ 时,若 $f(x, y)$ 为分段函数,先考虑使得 $f(x, y)$ 大于零的区域 D_1，再在区域 $D_1 \cap D$ 上计算二重积分)

(4) 若 $f(x, y)$ 在点 (x, y) 连续，则有 $\dfrac{\partial^2 F(x, y)}{\partial x \partial y} = f(x, y)$.

3. 两类重要的分布:

(1) 二维均匀分布: 设 G 是平面上的有界区域,其面积为 A. 若二维随机变量 (X, Y) 的概率密度为

$$f(x, y) = \begin{cases} \dfrac{1}{A}, & (x, y) \in G, \\ 0, & \text{其他}, \end{cases}$$ 则称 (X, Y) 在 G 上服从均匀分布.

(2) 二维正态分布: 若二维随机变量 (X, Y) 的概率密度为

$$f(x, y) = \frac{1}{2\pi\sigma_1\sigma_2\sqrt{1-\rho^2}} \mathrm{e}^{-\frac{1}{2(1-\rho^2)}\left[\left(\frac{x-\mu_1}{\sigma_1}\right)^2 - 2\rho\left(\frac{x-\mu_1}{\sigma_1}\right)\left(\frac{y-\mu_2}{\sigma_2}\right) + \left(\frac{y-\mu_2}{\sigma_2}\right)^2\right]},$$

其中 $\mu_1, \mu_2, \sigma_1, \sigma_2, \rho$ 均为常数,且 $\sigma_1 > 0, \sigma_2 > 0, |\rho| < 1$, 则称 (X, Y) 服从

参数为 $\mu_1, \mu_2, \sigma_1, \sigma_2, \rho$ 的二维正态分布,记为 $(X, Y) \sim N(\mu_1, \mu_2; \sigma_1^2, \sigma_2^2; \rho)$.

二、必做题型

1. 下列函数中,(　　)可以作为某个二维连续型随机变量的概率密度.

(A) $f(x, y)=\begin{cases}\cos x, & -\dfrac{\pi}{2} \leqslant x \leqslant \dfrac{\pi}{2}, 0 \leqslant y \leqslant 1, \\ 0, & \text{其他}\end{cases}$

(B) $f(x, y)=\begin{cases}\cos x, & 0 \leqslant x \leqslant \pi, 0 \leqslant y \leqslant 1, \\ 0, & \text{其他}\end{cases}$

(C) $f(x, y)=\begin{cases}\cos x, & -\dfrac{\pi}{2} \leqslant x \leqslant \dfrac{\pi}{2}, 0 \leqslant y \leqslant \dfrac{1}{2}, \\ 0, & \text{其他}\end{cases}$

(D) $f(x, y)=\begin{cases}\cos x, & 0 \leqslant x \leqslant \pi, 0 \leqslant y \leqslant \dfrac{1}{2}, \\ 0, & \text{其他}\end{cases}$

2. 设二维随机变量 (X, Y) 的概率密度为 $f(x, y)=\begin{cases}c(2-x) y, & 0<x<2,0<y<1, \\ 0, & \text{其他},\end{cases}$ 则常数 c 为(　　).

(A) 2　　　(B) 1　　　(C) $\dfrac{1}{2}$　　　(D) $\dfrac{1}{3}$

3. 设二维随机变量 (X, Y) 的分布函数为 $F(x, y)=\begin{cases}\dfrac{A\left(1-\mathrm{e}^{-2x}\right) y^2}{1+y^2}, & x>0, y>0, \\ 0, & \text{其他},\end{cases}$ 求:

(1) 常数 A;

(2) X 和 Y 的联合概率密度 $f(x, y)$.

4. 设二维随机变量 (X, Y) 的概率密度为 $f(x, y)=\begin{cases}6x, & 0<x<y<1, \\ 0, & \text{其他},\end{cases}$ 求 $P\{X+Y \leqslant 1\}$.

5. 设二维随机变量 (X, Y) 在区域 D 上服从均匀分布，其中区域 D 是由曲线 $y=x^2$ 和直线 $y=x$ 所围成的平面区域，求 $P\left\{X<\frac{1}{3}, Y<\frac{1}{3}\right\}$.

6. 设二维随机变量 (X, Y) 的概率密度为 $f(x, y)=\begin{cases}cxy, & 0 \leqslant y \leqslant x \leqslant 1, \\ 0, & \text{其他},\end{cases}$ 求：

（1）常数 c；

（2）$P\left\{Y>\frac{1}{3} \middle| X \geqslant \frac{1}{2}\right\}$.

7. 设二维随机变量 (X, Y) 的概率密度为 $f(x, y)=\begin{cases}\dfrac{cx\mathrm{e}^{-x^2}}{1+y^2}, & x>0, y>0, \\ 0, & \text{其他},\end{cases}$ 求：

（1）常数 c；

（2）X 和 Y 的联合分布函数.

第三节 边缘分布、条件分布和独立性

一、梳理主要内容

1. **二维离散型随机变量的边缘分布律**：设二维离散型随机变量 (X, Y) 的分布律为 $P\{X=x_i, Y=y_j\}=p_{ij}$，i、$j=1, 2, \cdots$，则 (X, Y) 关于 X 和 Y 的边缘分布律分别为：

$$p_{i.}=P\{X=x_i\}=\sum_{j=1}^{\infty}P\{X=x_i, Y=y_j\}=\sum_{j=1}^{\infty}p_{ij}, \ i=1, 2, \cdots,$$

$$p_{.j}=P\{Y=y_j\}=\sum_{i=1}^{\infty}P\{X=x_i, Y=y_j\}=\sum_{i=1}^{\infty}p_{ij}, \ j=1, 2, \cdots.$$

（注：若二维离散型随机变量 (X, Y) 的分布律是用表格形式给出，要求边缘分布律，只需在联合概率分布表中分别求行和，列和即可）

2. **二维离散型随机变量的条件分布律**：对固定的 j，若 $P\{Y=y_j\}=p_{.j}>0$，称 $P\{X=x_i \mid Y=y_j\}=\dfrac{P\{X=x_i, Y=y_j\}}{P\{Y=y_j\}}=\dfrac{p_{ij}}{p_{.j}}$，$i=1, 2, \cdots$，为在 $Y=y_j$ 条件下随机变量 X 的条件分布律；对固定的 i，若 $P\{X=x_i\}=p_{i.}>0$，称 $P\{Y=y_j \mid X=x_i\}=\dfrac{P\{X=x_i, Y=y_j\}}{P\{X=x_i\}}=\dfrac{p_{ij}}{p_{i.}}$，$j=1, 2, \cdots$ 为在 $X=x_i$ 条件下随机变量 Y 的条件分布律.

3. **二维连续型随机变量的边缘概率密度**：设二维随机变量 (X, Y) 的概率密度为 $f(x, y)$，则 (X, Y) 关于 X 和 Y 的边缘概率密度分别为

$$f_X(x)=\int_{-\infty}^{+\infty}f(x, y)\mathrm{d}y;\ f_Y(y)=\int_{-\infty}^{+\infty}f(x, y)\mathrm{d}x.$$

4. **二维连续型随机变量的条件概率密度**：对于固定的 x，$f_X(x)>0$，定义在 $X=x$ 的条件下 Y 的条件概率密度为 $f_{Y|X}(y \mid x)=\dfrac{f(x, y)}{f_X(x)}$；对于固定的 y，$f_Y(y)>0$，定义在 $Y=y$ 的条件下 X 的条件概率密度为 $f_{X|Y}(x \mid y)=\dfrac{f(x, y)}{f_Y(y)}$.

（注：概率 $P\{X\in I \mid Y=y\}=\int_{x\in I}f_{X|Y}(x \mid y)\mathrm{d}x$；$P\{Y\in I \mid X=x\}=\int_{y\in I}f_{Y|X}(y \mid x)\mathrm{d}y$）（其中 I 为某个区间）

5. **随机变量的独立性**：X 和 Y 相互独立 $\Leftrightarrow P\{X\leqslant x, Y\leqslant y\}=P\{X\leqslant x\}P\{Y\leqslant y\}$，即：$F(x, y)=F_X(x)F_Y(y)$. 特别地，

(1) 设 (X, Y) 是二维离散型随机变量，则 X 和 Y 相互独立 $\Leftrightarrow$ 对任意 i、$j=1, 2, \cdots$，有 $p_{ij}=p_{i.}p_{.j}$（联合分布律等于边缘分布律的乘积）；

（2）设 (X, Y) 是二维连续型随机变量，则 X 和 Y 相互独立 $\Leftrightarrow f(x, y) = f_X(x)f_Y(y)$.

（注：联合概率密度等于边缘概率密度的乘积）

6. 注记：

（1）若二维随机变量 $(X, Y) \sim N(\mu_1, \mu_2; \sigma_1^2, \sigma_2^2; \rho)$，则：

① $X \sim N(\mu_1, \sigma_1^2)$，$Y \sim N(\mu_2, \sigma_2^2)$，但反之未必成立；

② X 和 Y 相互独立 $\Leftrightarrow \rho = 0$.

（2）若随机变量 X 和 Y 相互独立，则随机变量 $f(X)$ 和 $g(Y)$ 相互独立.

二、必做题型

1. 设二维随机变量 (X, Y) 的分布律为

Y \ X	0	1	2
1	1/12	1/12	1/6
3	1/4	0	0
4	0	1/3	1/12

（1）求 (X, Y) 的边缘分布律；

（2）问随机变量 X 和 Y 是否相互独立；

（3）求在 $X = 1$ 的条件下，关于 Y 的条件分布律.

2. 把一枚均匀硬币抛掷三次，设 X 为三次抛掷中正面出现的次数，Y 为正反面出现次数之差的绝对值，

（1）求二维随机变量 (X, Y) 的分布律及边缘分布律；

（2）问随机变量 X 和 Y 是否相互独立.

3. 箱子中装有 8 只黑球和 2 只白球,从中取球两次,每次取一只,取出的球不放回,记随机变量 X, Y 为:$X=\begin{cases}0,第一次取到白球,\\1,第一次取到黑球,\end{cases}$ $Y=\begin{cases}0,第二次取到白球,\\1,第二次取到黑球,\end{cases}$ 求 (X, Y) 的分布律和边缘分布律.

4. 设随机变量 X 的分布律为

X	1	3	4
p	0.2	0.3	0.5

随机变量 Y 的分布律为

Y	0	1	2
p	0.3	0.3	0.4

且 X 和 Y 相互独立,求:

(1) X 和 Y 的联合分布律;

(2) $P\{0 \leqslant X \leqslant 2, 1 \leqslant Y \leqslant 2.5\}$.

5. 设二维随机变量 (X, Y) 的概率密度为 $f(x, y)=\begin{cases}4xy, & 0<x<1, 0<y<1,\\ 0, & 其他,\end{cases}$ 则 X 和 Y 为(　　)的随机变量.

(A) 独立同分布　　(B) 不独立但同分布

(C) 独立但不同分布　　(D) 不独立也不同分布

6. 设二维随机变量 (X, Y) 的概率密度为 $f(x, y)=\begin{cases}c(1-y), & 0<x<y<1,\\ 0, & 其他,\end{cases}$

(1) 求常数 c;

(2) 求边缘概率密度 $f_X(x)$, $f_Y(y)$;

(3) 问 X 和 Y 是否相互独立;

(4) 求条件概率密度 $f_{Y|X}(y|x)$ 和 $f_{X|Y}(x|y)$.

7. 设二维随机变量 (X, Y) 的概率密度为 $f(x, y)=\begin{cases} e^{-y}, & 0<x<y, \\ 0, & \text{其他}, \end{cases}$

（1）求边缘概率密度 $f_X(x)$，$f_Y(y)$；

（2）问 X 和 Y 是否相互独立；

（3）求条件概率密度 $f_{Y|X}(y \mid x)$ 和 $f_{X|Y}(x \mid y)$；

（4）求条件概率 $P\{Y \leqslant 1 \mid X \leqslant 1\}$；

（5）求概率 $P\left\{X \leqslant \frac{1}{3} \middle| Y=\frac{1}{2}\right\}$.

8. 设随机变量 X 和 Y，若 Y 的概率密度为 $f_Y(y)=\begin{cases} 5y^4, & 0<y<1, \\ 0, & \text{其他}, \end{cases}$ 且在 $Y=y(0<y<1)$ 条件下 X 的概率密度为 $f_{X|Y}(x \mid y)=\begin{cases} \dfrac{3x^2}{y^3}, & 0<x<y, \\ 0, & \text{其他}, \end{cases}$ 求：

（1）X 和 Y 的联合概率密度；

（2）边缘概率密度 $f_X(x)$.

9. 设随机变量 X 和 Y 相互独立，X 在区间 $(0, 1)$ 上服从均匀分布，Y 的概率密度为 $f_Y(y)=\begin{cases} 5e^{-5y}, & y>0, \\ 0, & \text{其他}, \end{cases}$ 求：

（1）X 和 Y 的联合概率密度 $f(x, y)$；

（2）$P\{Y \leqslant X\}$.

第四节 二维随机变量函数的分布

一、梳理主要内容

1. 二维随机变量函数的分布：

（1）设 (X, Y) 是二维离散型随机变量，分布律为 $P\{X=x_i, Y=y_j\}=p_{ij}$，i、$j=1, 2, \cdots$，则二维随机变量函数 $Z=g(X, Y)$ 的分布律为

$$P\{Z=z_k\}=P\{g(X, Y)=z_k\}=\sum_{g(x_i, y_j)=z_k} p_{ij}.$$

（注：先求出 $Z=g(X, Y)$ 的所有可能取值，再求取值的概率）

（2）设 (X, Y) 是二维连续型随机变量，概率密度为 $f(x, y)$，则二维随机变量函数 $Z=g(X, Y)$ 的分布函数为 $F_Z(z)=P\{Z\leqslant z\}=P\{g(X, Y)\leqslant z\}=\iint\limits_{g(x, y)\leqslant z} f(x, y)\,\mathrm{d}x\mathrm{d}y.$

（注：若 Z 仍为连续型随机变量，则 Z 的概率密度为 $f_Z(z)=F'_Z(z)$）

2. 几种特殊函数的分布：设二维随机变量 (X, Y) 的概率密度为 $f(x, y)$，边缘概率密度为 $f_X(x)$ 与 $f_Y(y)$，分布函数为 $F(x, y)$，边缘分布函数为 $F_X(x)$ 与 $F_Y(y)$，则

（1）$Z=X+Y$ 的概率密度为 $f_Z(z)=\int_{-\infty}^{\infty} f(z-y, y)\,\mathrm{d}y=\int_{-\infty}^{\infty} f(x, z-x)\,\mathrm{d}x.$

特别地，若 X 和 Y 相互独立，则 $f_Z(z)=\int_{-\infty}^{\infty} f_X(z-y)f_Y(y)\,\mathrm{d}y=\int_{-\infty}^{\infty} f_X(x)f_Y(z-x)\,\mathrm{d}x.$

（2）$Z=XY$ 的概率密度为 $f_Z(z)=\int_{-\infty}^{\infty}\frac{1}{|x|}f\left(x, \frac{z}{x}\right)\mathrm{d}x=\int_{-\infty}^{\infty}\frac{1}{|y|}f\left(\frac{z}{y}, y\right)\mathrm{d}y.$

（3）$Z=\frac{X}{Y}$ 的概率密度为 $f_Z(z)=\int_{-\infty}^{\infty}|y|f(yz, y)\,\mathrm{d}y.$

（4）$Z=\frac{Y}{X}$ 的概率密度为 $f_Z(z)=\int_{-\infty}^{\infty}|x|f(x, xz)\,\mathrm{d}x.$

（5）若 X 和 Y 相互独立，则 $Z=\max\{X, Y\}$ 的分布函数为 $F_Z(z)=F_X(z)F_Y(z).$

（6）若 X 和 Y 相互独立，则 $Z=\min\{X, Y\}$ 的分布函数为

$$F_Z(z)=1-[1-F_X(z)][1-F_Y(z)].$$

二、必做题型

1. 设二维随机变量 (X, Y) 的分布律为

Y \ X	−1	0	2
0	1/4	1/10	3/10
1	1/10	1/5	1/20

求随机变量 Z 的分布律：

(1) $Z = X + Y$；

(2) $Z = |X - Y|$；

(3) $Z = XY$.

2. 设两个相互独立的随机变量 X 和 Y 的分布律为

X	1	3
p	0.3	0.7

Y	2	4
p	0.6	0.4

求随机变量 Z 的分布律：

(1) $Z = X + Y$；

(2) $Z = \max\{X, Y\}$；

(3) $Z = \min\{X, Y\}$.

3. 设二维随机变量 (X, Y) 的概率密度为 $f(x, y) = \begin{cases} 2 - x - y, & 0 < x < 1, 0 < y < 1, \\ 0, & \text{其他}, \end{cases}$ 求：

(1) $Z = X + Y$ 的概率密度；

(2) $Z = XY$ 的概率密度.

4. 设随机变量 X 和 Y 独立同分布，概率密度为 $f(x) = \begin{cases} 2e^{-2x}, & x > 0, \\ 0, & \text{其他}, \end{cases}$ 求：

(1) $Z = X + Y$ 的概率密度；

(2) $Z = \dfrac{X}{Y}$ 的概率密度.

5. 设二维随机变量 (X, Y) 的概率密度为 $f(x, y)=\begin{cases}3x, & 0<x<1, 0<y<x, \\ 0, & \text{其他},\end{cases}$ 求：

(1) $Z=XY$ 的概率密度；

(2) $Z=\dfrac{Y}{X}$ 的概率密度.

6. 设二维随机变量 (X, Y) 的分布函数为 $F(x, y)=\begin{cases}(1-e^{-x})(1-e^{-y}), & x>0, y>0, \\ 0, & \text{其他},\end{cases}$

(1) 求 X 和 Y 的边缘分布函数；

(2) 问 X 和 Y 是否相互独立；

(3) 求 $Z_1=\max\{X, Y\}$ 的概率密度；

(4) 求 $Z_2=\min\{X, Y\}$ 的概率密度.

7. 某一设备装有三个同类型的电子元件，元件工作相互独立，工作时间(单位：h)均服从参数为 4 的指数分布，当三个元件都正常工作时，设备才正常工作，求：

(1) 设备正常工作时间的概率密度；

(2) 设备至少正常工作 100 h 以上的概率.

第三章　多维随机变量及其分布　测试题

1. 设二维随机变量 (X, Y) 的分布函数为 $F(x, y)$，边缘分布函数为 $F_X(x)$ 与 $F_Y(y)$，则 $P\{X \leqslant 1, Y > 1\} = ($　　$)$.

　(A) $1 - F(1, 1)$　　　　(B) $F(1, 1) - F_X(1) + F_Y(1) + 1$

　(C) $F_X(1) - F(1, 1)$　　　　(D) $F(1, 1) - F_Y(1) + 1$

2. 设随机变量 $X_i \sim \begin{pmatrix} -3 & 0 & 3 \\ 1/4 & 1/2 & 1/4 \end{pmatrix}$，其中 $i = 1、2$，$P\{X_1X_2 = 0\} = 1$，

　(1) 问 X_1 和 X_2 是否相互独立；

　(2) 求 $P\{X_1 = X_2\}$.

3. 设随机变量 X 和 Y 相互独立，随机变量 X 和 Y 的联合分布律及边缘分布律的部分数值如下，试将其余数值填入表中空白处.

Y \ X	x_1	x_2	$P\{Y = y_j\}$
y_1	1/12		
y_2			
y_3		1/8	1/6
$P\{X = x_i\}$			1

4. 设X、Y是两个随机变量，$P\{X\geqslant 0, Y\geqslant 0\}=\frac{3}{7}$，$P\{X\geqslant 0\}=P\{Y\geqslant 0\}=\frac{4}{7}$，求 $P\{\max\{X, Y\}\geqslant 0\}$.

5. 设随机变量X与Y相互独立，且均服从同一几何分布，分布律为

$P\{X=k\}=P\{Y=k\}=pq^{k-1}$, $k=1, 2, \cdots$，其中 $q=1-p$, $0<p<1$.

求 $Z=\max\{X, Y\}$ 的分布律.

6. 设二维随机变量 (X, Y) 的概率密度为$f(x, y)=\begin{cases}Ae^{-x}, & 0<y<x,\\ 0, & \text{其他},\end{cases}$ 求：

(1) 常数A；

(2) $P[\max\{X, Y\}\leqslant 1]$, $P[\min\{X, Y\}\geqslant 1]$；

(3) $Z=X+Y$的概率密度.

第四章　随机变量的数字特征

第一节　随机变量的数学期望

一、梳理主要内容

1. 随机变量的数学期望：

（1）设 X 是离散型随机变量，分布律为 $P\{X=x_i\}=p_i$，$i=1,2,\cdots$，若级数 $\sum\limits_{i=1}^{\infty}x_ip_i$ 绝对收敛，则称级数 $\sum\limits_{i=1}^{\infty}x_ip_i$ 的和为随机变量 X 的数学期望，记为 $E(X)$，即 $E(X)=\sum\limits_{i=1}^{\infty}x_ip_i$.

（2）设 X 是连续型随机变量，概率密度为 $f(x)$，若积分 $\int_{-\infty}^{+\infty}xf(x)\mathrm{d}x$ 绝对收敛，则称此积分值为随机变量 X 的数学期望，记为 $E(X)$，即 $E(X)=\int_{-\infty}^{+\infty}xf(x)\mathrm{d}x$.

（注：数学期望描述了随机变量取值的平均水平）

2. 数学期望的性质：

（1）设 C 是常数，则 $E(C)=C$；

（2）若 k 是常数，则 $E(kX)=kE(X)$；

（3）$E(X_1\pm X_2)=E(X_1)\pm E(X_2)$；

（4）设 X 和 Y 相互独立，则 $E(XY)=E(X)E(Y)$. 反之未必成立.

（注：性质(3)和性质(4)均可推广到有限个随机变量的情形）

3. 随机变量 X 的函数 $Y=g(X)$ 的数学期望：

（1）设离散型随机变量 X 的分布律为 $P\{X=x_i\}=p_i$，$i=1,2,\cdots$，若级数 $\sum\limits_{i=1}^{\infty}g(x_i)p_i$ 绝对收敛，则随机变量 $Y=g(X)$ 的数学期望为 $E(Y)=\sum\limits_{i=1}^{\infty}g(x_i)p_i$.

（2）设连续型随机变量 X 的概率密度为 $f(x)$，若积分 $\int_{-\infty}^{+\infty}g(x)f(x)\mathrm{d}x$ 绝对收敛，则随机变量 $Y=g(X)$ 的数学期望为 $E(Y)=\int_{-\infty}^{+\infty}g(x)f(x)\mathrm{d}x$.

4. 二维随机变量 (X,Y) 的函数 $Z=g(X,Y)$ 的数学期望：

（1）设 (X,Y) 为二维离散型随机变量，分布律为 $P\{X=x_i,Y=y_j\}=p_{ij}$，i、$j=1$,

2, …, 若级数 $\sum_{i=1}^{\infty}\sum_{j=1}^{\infty}g(x_i, y_j)p_{ij}$ 绝对收敛,则随机变量 $Z=g(X, Y)$ 的数学期望为

$$E(Z)=\sum_{i=1}^{\infty}\sum_{j=1}^{\infty}g(x_i, y_j)p_{ij}.$$

(2) 设 (X, Y) 为二维连续型随机变量，其概率密度为 $f(x, y)$，若广义二重积分 $\int_{-\infty}^{+\infty}\int_{-\infty}^{+\infty}g(x, y)f(x, y)\mathrm{d}x\mathrm{d}y$ 绝对收敛,则随机变量 $Z=g(X, Y)$ 的数学期望为

$$E(Z)=\int_{-\infty}^{+\infty}\int_{-\infty}^{+\infty}g(x, y)f(x, y)\mathrm{d}x\mathrm{d}y.$$

(注：上述结论表明,求随机变量函数的期望时，不必知道随机变量函数的分布)

5. 常见分布的数学期望：

(1) 0-1 分布的数学期望 $E(X)=p$;

(2) 二项分布 $B(n, p)$ 的数学期望 $E(X)=np$;

(3) 泊松分布 $P(\lambda)$ 的数学期望 $E(X)=\lambda$;

(4) 均匀分布 $U(a, b)$ 的数学期望 $E(X)=\frac{a+b}{2}$;

(5) 指数分布 $E(\lambda)$ 的数学期望 $E(X)=\frac{1}{\lambda}$;

(6) 正态分布 $N(\mu, \sigma^2)$ 的数学期望 $E(X)=\mu$.

二、必做题型

1. 设随机变量 X 的分布律为

X	-1	0	1	2
p	0.2	0.3	0.4	0.1

求下列数学期望：

(1) $E(X)$;

(2) $E(2X-3)$;

(3) $E(X^2+5)$.

2. 设随机变量 X 的概率密度为 $f(x)=\begin{cases}\dfrac{x}{8}, & 0<x<4,\\ 0, & 其他,\end{cases}$ 求：

(1) $E(X)$；

(2) $E(X^3+4)$.

3. 设随机变量 X 服从参数为 λ 的泊松分布，$P\{X=1\}=P\{X=2\}$，求：

(1) $P\{X=3\}$；

(2) $E(6X+3)$.

4. 甲、乙两箱中装有同种产品，其中甲箱中装有 3 件合格品，2 件不合格品，乙箱中装有 2 件产品，均为合格品，现从甲箱中任取两件产品放入乙箱，求乙箱中的不合格品件数 X 的数学期望.

5. 设随机变量 X 服从参数为 1 的指数分布，求：

(1) $E(|X|)$；

(2) $E(X+e^{-5X})$.

6. 设二维随机变量 (X, Y) 的分布律为

Y \ X	0	1	2
1	1/12	1/12	1/6
3	1/4	0	0
4	0	1/3	1/12

求下列数学期望：

(1) $E\left(\frac{X}{Y}\right)$；

(2) $E(Y)$；

(3) $E(XY)$.

7. 设随机变量 X 在区间 $(0, 2)$ 上服从均匀分布，Y 的概率密度为 $f_Y(y)=\begin{cases}4y^3, & 0<y<1,\\ 0, & 其他,\end{cases}$

X 和 Y 相互独立，求：

(1) $E(X^2+Y^2)$；

(2) $E(XY)$.

8. 设二维随机变量 (X, Y) 的概率密度为 $f(x, y)=\begin{cases}24y(1-x), & 0<x<1, 0<y<x,\\ 0, & 其他,\end{cases}$ 求：

(1) $E(X)$；

(2) $E(Y)$；

(3) $E(XY)$.

9. 设随机变量 X 的概率密度为 $f(x)=\begin{cases}ax+b, & 0\leqslant x\leqslant 1,\\ 0, & 其他,\end{cases}$ $E(X)=\dfrac{7}{12}$，求：

(1) 常数 a、b；

(2) X 的分布函数 $F(x)$.

10. 有两个相互独立工作的电子装置，它们的寿命（单位：h）$X_k(k=1、2)$ 服从同一指数分布，其概率密度为 $f(x)=\begin{cases}\dfrac{1}{\theta}e^{-x/\theta}, & x>0,\\ 0, & x\leqslant 0,\end{cases}$ 常数 $\theta>0$，若将这两个电子装置串联联接组成整机，求整机寿命 N 的数学期望.

11. 设有 10 人在某 10 层楼的底层乘电梯上楼，电梯在途中只下不上，每个乘客在哪一层下是等可能的，且乘客是否下电梯是相互独立的，以 X 表示电梯停靠的次数，求 $E(X)$.

第二节　随机变量的方差

一、梳理主要内容

1. **随机变量的方差**：设 X 是一个随机变量，若 $E[X-E(X)]^2$ 存在，则称之为 X 的方差，记为 $D(X)$ 或 $Var(X)$，即 $D(X)=Var(X)=E[X-E(X)]^2$.

（注：方差的算术平方根 $\sqrt{D(X)}$ 称为标准差或均方差. 方差刻划了随机变量 X 的取值与其数学期望的偏离程度）

2. **方差的计算公式**：

（1）定义法：若 X 是离散型随机变量，分布律为 $P\{X=x_i\}=p_i$，$i=1, 2, \cdots$，则 $D(X)=\sum_{i=1}^{\infty}[x_i-E(X)]^2p_i$；若 X 是连续型随机变量，概率密度为 $f(x)$，则 $D(X)=\int_{-\infty}^{+\infty}[x-E(X)]^2f(x)dx$.

（2）简化的计算公式：$D(X)=E(X^2)-[E(X)]^2$.

（注：$E(X^2)=D(X)+[E(X)]^2$）

3. **方差的性质**：

（1）设 C 是常数，则 $D(C)=0$；$D(X)=0 \Leftrightarrow P\{X=C\}=1$（$C$ 是常数）.

（2）设 C 是常数，则 $D(CX)=C^2D(X)$.

（3）若 X 和 Y 相互独立，则 $D(X\pm Y)=D(X)+D(Y)$.

（注：若 $X_1, X_2, \cdots, X_n$ 相互独立，则 $D\left[\sum_{i=1}^{n}X_i\right]=\sum_{i=1}^{n}D(X_i)$）

4. **常见分布的方差**

（1）0-1 分布的方差 $D(X)=p(1-p)$；

（2）二项分布 $B(n, p)$ 的方差 $D(X)=np(1-p)$；

（3）泊松分布 $P(\lambda)$ 的方差 $D(X)=\lambda$；

（4）均匀分布 $U(a, b)$ 的方差 $D(X)=\frac{1}{12}(b-a)^2$；

（5）指数分布 $E(\lambda)$ 的方差 $D(X)=\frac{1}{\lambda^2}$；

（6）正态分布 $N(\mu, \sigma^2)$ 的方差 $D(X)=\sigma^2$.

5. **重要结论**：相互独立的正态随机变量的线性组合仍然服从正态分布（“独立性”这一条件不可缺少），即：若 $X_i \sim N(\mu_i, \sigma_i^2)$，$i=1, 2, \cdots, n$，且 $X_1, X_2, \cdots, X_n$ 相互独立，则

$$\sum_{i=1}^{n} a_i X_i \sim N\left(\sum_{i=1}^{n} a_i \mu_i, \sum_{i=1}^{n} a_i^2 \sigma_i^2\right).$$

二、必做题型

1. 设一批零件中有 9 个合格品,3 个废品,在安装机器时,从这批零件中任取一个,如果取到的是废品就不再放回,求在取得合格品之前已经取出的废品数 X 的数学期望和方差.

2. 设随机变量 X 的概率密度为 $f(x)=\begin{cases}\dfrac{1}{x}, & 1<x<\mathrm{e}, \\ 0, & \text{其他},\end{cases}$ 求:

(1) $E(X)$;

(2) $D(X)$;

(3) $D(X^2)$.

3. 设连续型随机变量 X 的分布函数为 $F(x)=\begin{cases}0, & x<0, \\ \dfrac{x^2}{2}, & 0 \leqslant x<1, \\ 2x-\dfrac{x^2}{2}-1, & 1 \leqslant x<2, \\ 1, & x \geqslant 2,\end{cases}$ 求:

(1) $E(X)$;

(2) $D(X)$.

4. 设一零件的横截面是圆,对截面的直径进行测量,已知其直径 X 在区间 $(0, 3)$ 上服从均匀分布,求横截面面积的数学期望和方差.

5. 设随机变量 X 服从参数为 2 的泊松分布,求:

(1) $E(4X)$;

(2) $E(6X^2-5)$;

(3) $D(-2X+7)$;

(4) $P\{X=E(X^2)\}$.

6. 设随机变量 X 在区间 (a, b) 上服从均匀分布,且 $E(X)=4$, $D(X)=\frac{4}{3}$, 求常数 a 、b.

7. 设随机变量 X 和 Y 相互独立, $X \sim N(1, 3)$, $Y \sim N(-2, 6)$, 记 $Z=2X-2Y+3$, 求:

(1) $P\{X>Y\}$;

(2) $E(Z)$;

(3) $D(Z)$;

(4) Z 的概率密度 $f_Z(z)$;

(5) $P\{Z<4\}$.

8. 设随机变量 X 的概率密度为 $f(x)=\begin{cases}\cos x, & 0<x<\dfrac{\pi}{2},\\ 0, & 其他,\end{cases}$ 对 X 独立观察 5 次,以 Y 表示 5 次观察中观察值大于 $\dfrac{\pi}{6}$ 的次数,求:

(1) $E(Y)$;

(2) $D(Y)$;

(3) $E(6Y^2+9)$.

9. 设随机变量 X 和 Y 相互独立,$X\sim N(2,4)$,Y 的概率密度为 $f_Y(y)=\begin{cases}5y^4, & 0<y<1,\\ 0, & 其他,\end{cases}$ 求 $E(XY)$.

10. 设随机变量 X 和 Y 相互独立,且 $E(X)=8$, $E(Y)=6$, $D(X)=1$, $D(Y)=4$, 求 $E[(X+Y)^2]$.

11. 设二维随机变量 $(X,Y)\sim N(1,2;1,3;0)$,求:

(1) $E(X+Y)$;

(2) $D(X-Y)$;

(3) $E(XY)$.

第三节　协方差　相关系数

一、梳理主要内容

1. **协方差的定义**：设 (X, Y) 为二维随机变量，若 $E\{[X-E(X)][Y-E(Y)]\}$ 存在，则称其为随机变量 X 和 Y 的协方差，记为 $\mathrm{Cov}(X, Y)$，即
$\mathrm{Cov}(X, Y)=E\{[X-E(X)][Y-E(Y)]\}$.

2. **协方差的计算公式**：$\mathrm{Cov}(X, Y)=E(XY)-E(X)E(Y)$.

3. **协方差的性质**：

(1) $\mathrm{Cov}(X, X)=D(X)$；$\mathrm{Cov}(X, C)=0$，C 为任意常数；

(2) $\mathrm{Cov}(X, Y)=\mathrm{Cov}(Y, X)$；

(3) $\mathrm{Cov}(aX, bY)=ab\mathrm{Cov}(X, Y)$，其中 a 与 b 是常数；

(4) $\mathrm{Cov}(X_1 \pm X_2, Y)=\mathrm{Cov}(X_1, Y) \pm \mathrm{Cov}(X_2, Y)$；

(5) $D(X \pm Y)=D(X)+D(Y) \pm 2\mathrm{Cov}(X, Y)$.

（注：$D\left[\sum_{i=1}^{n} a_i X_i\right]=\sum_{i=1}^{n} a_i^2 D(X_i)+2 \sum_{1 \leqslant i<j \leqslant n} a_i a_j \mathrm{Cov}(X_i, X_j)$）

4. **相关系数**：随机变量 X 和 Y 的相关系数为 $\rho_{XY}=\dfrac{\mathrm{Cov}(X, Y)}{\sqrt{D(X)}\sqrt{D(Y)}}$.

（注：当 $\rho_{XY}=0$ 时，称 X 和 Y 不相关）

5. **相关系数的性质**：

(1) $|\rho_{XY}| \leqslant 1$.

(2) $|\rho_{XY}|=1 \Leftrightarrow$ 存在常数 $a\ (a \neq 0)$ 与 b，使 $P\{Y=aX+b\}=1$，
且当 $\rho_{XY}=1$ 时，$a>0$；当 $\rho_{XY}=-1$ 时，$a<0$.

(3) $\rho_{XY}=0 \Leftrightarrow \mathrm{Cov}(X, Y)=0 \Leftrightarrow E(XY)=E(X)E(Y)$.

6. **重要结论**：

(1) 若 X 和 Y 相互独立，则 X 和 Y 不相关. 反之不一定成立.

(2) 若 $(X, Y) \sim N(\mu_1, \mu_2; \sigma_1^2, \sigma_2^2; \rho)$，则

① $\rho_{XY}=\rho$；

② X 和 Y 相互独立 $\Leftrightarrow$ X 和 Y 不相关.

二、必做题型

1. 设 X、Y 是随机变量，$E(X)=E(Y)=2$，$E(XY)=6$，则 $\mathrm{Cov}(2X, 3Y)=$ ________.

2. 设二维随机变量 (X, Y) 的概率密度为 $f(x, y) = \begin{cases} 15x^2y, & 0 < y < 1, 0 < x < y, \\ 0, & \text{其他}, \end{cases}$ 求：

(1) $\mathrm{Cov}(X, Y)$；

(2) ρ_{XY}；

(3) $D(X + Y)$.

3. 设二维随机变量 (X, Y) 的分布律为

Y \ X	−1	0	1
0	1/4	1/5	1/5
1	1/10	1/5	1/20

求 $\mathrm{Cov}(X, Y)$.

4. 设 X、Y 是随机变量，$D(X) = 49$，$D(Y) = 36$，$\rho_{XY} = 0.6$，求：

(1) $D(X + Y)$；

(2) $D(X - 2Y)$.

5. 设 X、Y 是随机变量，$\rho_{XY} = 0.5$，$E(X) = E(Y) = 0$，$E(X^2) = E(Y^2) = 2$，求：

(1) $D(X)$；

(2) $D(Y)$；

(3) $\mathrm{Cov}(X, Y)$；

(4) $E[(X + Y)^2]$；

(5) $D(X - Y)$.

6. 设 X、Y 是随机变量, $E(X)=1$, $E(Y)=2$, $D(X)=1$, $D(Y)=4$, $\rho_{XY}=\frac{1}{2}$, 记随机变量 $Z=X+3Y$, 求:

(1) $\mathrm{Cov}(X, Y)$;

(2) $E(Z)$;

(3) $D(Z)$;

(4) $\mathrm{Cov}(X, Z)$.

7. 设 X、Y 是随机变量, $X \sim N(0, 1)$, $Y \sim N(1, 4)$, $\rho_{XY}=1$, 则(　　).

(A) $P\{Y=-2X-1\}=1$　　(B) $P\{Y=2X-1\}=1$

(C) $P\{Y=-2X+1\}=1$　　(D) $P\{Y=2X+1\}=1$

8. 设 X、Y 是随机变量, $E(XY)=E(X)E(Y)$, 且 $D(X)>0$, $D(Y)>0$, 则(　　).

(A) X 与 Y 相互独立　　(B) X 与 Y 不相关

(C) $D(XY)=D(X)D(Y)$　　(D) $D(X-Y)=D(X)-D(Y)$

9. 设二维随机变量 (X, Y) 的分布律为

Y \ X	0	1	2	3
1	0	3/8	3/8	0
3	1/8	0	0	1/8

证明: X 与 Y 不相关, 但 X 与 Y 不相互独立.

10. 设二维随机变量 (X, Y) 在区域 D: $x^2+y^2 \leqslant 1$ 上服从均匀分布, 证明: X 与 Y 不相关, 但 X 与 Y 不相互独立.

第四章　随机变量的数字特征　测试题

1. 设随机变量 X 的概率密度为 $f(x)=\begin{cases} ax, & 0<x<2, \\ cx+b, & 2\leqslant x<4, \\ 0, & 其他, \end{cases}$ $E(X)=2$, $P\{1<X<3\}=\frac{3}{4}$,求:

(1) 常数 a、b、c;

(2) $E(X^2+2)$.

2. 某教室有 50 个座位,编号为 1 到 50,某班有 50 个学生,学号从 1 到 50,该班学生上课时随机地挑选座位,X 表示该班同学中所选座位与其学号相同的数目,求 $E(X)$.

3. 设随机变量 X 的概率密度为 $f(x)=\begin{cases} 2e^{-2x}, & x\geqslant 0, \\ 0, & 其他, \end{cases}$ $Y=\max\{X, 3\}$,求 $E(Y)$.

4. 设二维随机变量 (X, Y) 在区域 D 上服从均匀分布，其中区域 D 为以点 $(0, 1)$，$(1, 0)$，$(0, 0)$ 为顶点的三角形区域，求随机变量 $Z = X + Y$ 的期望和方差.

5. 设二维随机变量 $(X, Y) \sim N\left(0, 1; 2, 4; \frac{1}{3}\right)$，求：

(1) $\mathrm{Cov}(X, Y)$；

(2) $D(X - 2Y)$.

6. 设随机变量 $X \sim \begin{pmatrix} 0 & 1 \\ 2/3 & 1/3 \end{pmatrix}$，随机变量 $Y \sim \begin{pmatrix} -1 & 0 & 1 \\ 1/3 & 1/3 & 1/3 \end{pmatrix}$，且 $P\{X^2 = Y^2\} = 0$.

(1) 求 X 与 Y 的联合分布律；

(2) 问 X 与 Y 是否不相关；

(3) 问 X 与 Y 是否相互独立.

第五章　大数定律及中心极限定理

第一节　大 数 定 律

一、梳理主要内容

1. **切比雪夫不等式**：设随机变量 X 的期望和方差存在，$E(X)=\mu$，$D(X)=\sigma^2$，则对于任意 $\varepsilon>0$，有 $P\{|X-\mu|\geqslant\varepsilon\}\leqslant\frac{\sigma^2}{\varepsilon^2}$ 或 $P\{|X-\mu|<\varepsilon\}\geqslant 1-\frac{\sigma^2}{\varepsilon^2}$.

（注：切比雪夫不等式可用来估计随机变量 X 落在以 $E(X)$ 为中心的对称区间内的概率）

2. **依概率收敛**：设 $X_1, X_2, \cdots, X_n, \cdots$ 是一个随机变量序列，a 为一个常数，若对于任意给定的正数 ε，有 $\lim\limits_{n\to\infty}P\{|X_n-a|<\varepsilon\}=1$，则称序列 $X_1, X_2, \cdots, X_n, \cdots$ 依概率收敛于 a，记为

$$X_n\xrightarrow{P}a.$$

（注：设 $X_n\xrightarrow{P}a$，$Y_n\xrightarrow{P}b$，又设函数 $g(x, y)$ 在点 (a, b) 连续，则

$$g(X_n, Y_n)\xrightarrow{P}g(a, b)\text{)}$$

3. **切比雪夫大数定律**：设 $X_1, X_2, \cdots, X_n, \cdots$ 是相互独立的随机变量序列，它们数学期望 $E(X_i)$ 和方差 $D(X_i)$ 均存在，且方差有共同的上界，即存在常数 K，使 $D(X_i)\leqslant K$，$i=1, 2, \cdots$，则对任意 $\varepsilon>0$，有

$$\lim_{n\to\infty}P\left\{\left|\frac{1}{n}\sum_{i=1}^{n}X_i-\frac{1}{n}\sum_{i=1}^{n}E(X_i)\right|<\varepsilon\right\}=1.$$

（注：定理表明：当 n 很大时，随机变量序列 $\{X_n\}$ 的算术平均值 $\frac{1}{n}\sum\limits_{i=1}^{n}X_i$ 依概率收敛于其数学期望 $\frac{1}{n}\sum\limits_{i=1}^{n}E(X_i)$）

4. **伯努利大数定律**：设 n_A 是 n 重伯努利试验中事件 A 发生的次数，p 是事件 A 在每次试验中发生的概率，则对任意 $\varepsilon>0$，有

$$\lim_{n\to\infty}P\left\{\left|\frac{n_A}{n}-p\right|<\varepsilon\right\}=1\quad\text{或}\quad\lim_{n\to\infty}P\left\{\left|\frac{n_A}{n}-p\right|\geqslant\varepsilon\right\}=0.$$

（注：当重复试验次数 n 充分大时，事件 A 发生的频率 $\frac{n_A}{n}$ 依概率收敛于事件 A 发生的

概率 p. 定理以严格的数学形式表达了频率的稳定性. 在实际应用中，当试验次数很大时,便可以用事件发生的频率来近似代替事件的概率)

5. **辛钦大数定律**：设随机变量 $X_1, X_2, \cdots, X_n, \cdots$ 相互独立，服从同一分布,且具有数学期望 $E(X_i)=\mu$, $i=1, 2, \cdots$, 则对任意 $\varepsilon > 0$, 有 $\lim\limits_{n\to\infty}P\left\{\left|\frac{1}{n}\sum\limits_{i=1}^{n}X_i-\mu\right|<\varepsilon\right\}=1$.

   相关结论：(1) 辛钦大数定律不要求随机变量的方差存在；

   (2) 伯努利大数定律是辛钦大数定律的特殊情况；

   (3) 辛钦大数定律为寻找随机变量的期望值提供了一条实际可行的途径. 例如，要估计某地区的平均亩产量，可收割某些有代表性的地块,如 n 块,计算其平均亩产量，则当 n 较大时,可用它作为整个地区平均亩产量的一个估计. 此类做法在实际应用中具有重要意义.

6. **总结**：在满足大数定律的条件下,当 n 充分大时,n 个随机变量的算术平均值 $\frac{1}{n}\sum\limits_{i=1}^{n}X_i$ 依概率收敛于其数学期望 $\frac{1}{n}\sum\limits_{i=1}^{n}E(X_i)$. 在实际应用时,需注意大数定律的条件.

二、必做题型

1. 设随机变量 $X \sim U(0, 2)$, 由切比雪夫不等式知, $P\{|X-1|\geqslant 2\}\leqslant$ ________.
2. 设 $X_1, X_2, \cdots, X_n$ 是 n 个相互独立且同分布的随机变量, $E(X_i)=\mu$, $D(X_i)=8$, $i=1, 2, \cdots, n$, $\overline{X}=\frac{1}{n}\sum\limits_{i=1}^{n}X_i$, 则由切比雪夫不等式知, $P\{|\overline{X}-\mu|<4\}\geqslant$ ________.
3. 将一颗骰子重复抛掷 n 次,则当 $n\to\infty$ 时, n 次掷出点数的算术平均值依概率收敛于________.
4. 某地区有 10 000 盏电灯，每盏电灯每晚开灯的概率均为 0.7,假设电灯的开关相互独立，试用切比雪夫不等式估计每晚同时开着灯的电灯数是 6 900 到 7 100 盏的概率.

5. 下列命题正确的是(　　).

(A) 由辛钦大数定律可以得出切比雪夫大数定律

(B) 由切比雪夫大数定律可以得出辛钦大数定律

(C) 由切比雪夫大数定律可以得出伯努利大数定律

(D) 由伯努利大数定律可以得出切比雪夫大数定律

6. 设随机变量 $X_1, X_2, \cdots, X_n, \cdots$ 相互独立,且服从相同的分布,当 $i=1, 2, \cdots, n, \cdots$ 时, $E(X_i)=0$, $D(X_i)=\sigma^2$, 且 $E(X_i^4)$ 均存在. 证明: 对任意 $\varepsilon>0$, 有 $\lim\limits_{n\to\infty} P\left\{\left|\frac{1}{n}\sum\limits_{i=1}^{n} X_i^2-\sigma^2\right|<\varepsilon\right\}=1$.

7. 设随机变量 $X_1, X_2, \cdots, X_n, \cdots$ 相互独立,且服从相同的分布,其分布律为 $X_i \sim \begin{pmatrix} -1 & 0 & 1 \\ 1/4 & 1/2 & 1/4 \end{pmatrix}$, $i=1, 2, \cdots$. 证明: 对任意 $\varepsilon>0$, 有 $\lim\limits_{n\to\infty} P\left\{\left|\frac{1}{n}\sum\limits_{i=1}^{n} X_i\right|\geqslant\varepsilon\right\}=0$.

第二节　中心极限定理

一、梳理主要内容

1. **列维—林德伯格中心极限定理(独立同分布的中心极限定理)**：设 $X_1, X_2, \cdots, X_n, \cdots$ 是独立同分布的随机变量序列，且 $E(X_i)=\mu$，$D(X_i)=\sigma^2$，$i=1, 2, \cdots, n, \cdots$，则对任意的实数 x，有

$$\lim_{n\to\infty} P\left\{\frac{\sum_{i=1}^{n} X_i - n\mu}{\sqrt{n}\sigma} \leqslant x\right\} = \int_{-\infty}^{x} \frac{1}{\sqrt{2\pi}} e^{-t^2/2} dt = \Phi(x).$$

(注：定理的三个条件“独立,同分布,期望、方差存在”缺一不可)

由此可知：当 n 充分大时，具有期望和方差的独立同分布的 n 个随机变量之和 $\sum_{i=1}^{n} X_i$ 近似服从正态分布 $N(n\mu, n\sigma^2)$．即：

$$P\left\{a < \sum_{i=1}^{n} X_i \leqslant b\right\} = P\left\{\frac{a - n\mu}{\sqrt{n}\sigma} < \frac{\sum_{i=1}^{n} X_i - n\mu}{\sqrt{n}\sigma} \leqslant \frac{b - n\mu}{\sqrt{n}\sigma}\right\} \approx \Phi\left(\frac{b - n\mu}{\sqrt{n}\sigma}\right) - \Phi\left(\frac{a - n\mu}{\sqrt{n}\sigma}\right).$$

2. **棣莫弗—拉普拉斯中心极限定理**：设随机变量 Y_n 服从参数 n, p $(0 < p < 1)$ 的二项分布，则对任意 x，有 $\lim_{n\to\infty} P\left\{\frac{Y_n - np}{\sqrt{np(1-p)}} \leqslant x\right\} = \int_{-\infty}^{x} \frac{1}{\sqrt{2\pi}} e^{-\frac{t^2}{2}} dt = \Phi(x)$.

(注：定理表明，当 n 充分大时，二项分布近似为正态分布，即若 $X \sim B(n, p)$，则 X 近似服从正态分布 $N(np, np(1-p))$)

二、必做题型

1. 设随机变量 $X \sim B(100, 0.2)$，由中心极限定理得 $P\{X \geqslant 30\} \approx$ ________.

2. 设 $X_1, X_2, \cdots, X_{50}$ 是独立同分布的随机变量，且均服从参数为 0.03 的泊松分布，记 $X = \sum_{i=1}^{50} X_i$. 求 $P\{X \geqslant 3\}$ 的近似值.

3. 已知某批半导体元件的优质品率为 50%，今取用 400 件，试问有 180 到 220 件优质品的概率是多少？

4. 炮火轰击敌方的防御工事 100 次，每次轰击命中的炮弹数服从同一分布，此分布的数学期望为 2，方差为 2.25，若各次轰击命中目标的炮弹数是相互独立的，求 100 次轰击至少命中 180 发但不超过 220 发的概率.

5. 一盒同型号螺丝钉共有 100 个，已知该型号的螺丝钉的质量是一个随机变量，期望值是 100 g，标准差是 10 g，求一盒螺丝钉的质量超过 10.2 kg 的概率.

6. 某计算机系统有 100 个终端，每个终端有 80% 的时间在使用，若每个终端使用与否相互独立，求至少有 90 个终端在同时使用的概率.

7. 一食品店有三种蛋糕出售，由于出售哪一种蛋糕是随机的，因而售出一只蛋糕的价格是一个随机变量，它取 1 元，2 元，3 元的概率分别为 0.3，0.2，0.5，某天售出 400 只蛋糕，求：

(1) 这天的收入至少 900 元的概率；

(2) 这天售出价格为 2 元的蛋糕多于 60 只的概率.

第五章　大数定律及中心极限定理　测试题

1. 设 $X_1, X_2, \cdots, X_n, \cdots$ 是独立同分布的随机变量序列, $E(X_i)=\mu$, $D(X_i)=\sigma^2$, $i=1, 2, \cdots$, 则 $\frac{1}{n}\sum_{i=1}^{n} X_i^2$ 依概率收敛于________.

2. 设 X、Y 是随机变量, $E(X)=E(Y)=1$, $D(X)=3$, $D(Y)=4$, $\rho_{XY}=\frac{2}{3}$, 则根据切比雪夫不等式知, $P\{|X-Y|\geqslant 5\}\leqslant$________.

3. 设某餐厅每天接待顾客 300 名,设每名顾客的消费额(单位: 元)服从区间 [30, 100] 上的均匀分布,顾客的消费是相互独立的. 求:
   (1) 该餐厅的日平均营业额;
   (2) 该餐厅的日营业额在 19 000 到 20 000 之间的概率.

4. 分别用切比雪夫不等式和中心极限定理估计,当抛掷一枚均匀硬币时,需要抛掷多少次,才能使得出现反面的频率在 0.3 和 0.7 之间的概率不小于 0.9?

5. 设某种元件的使用寿命(单位: h)服从指数分布,其平均使用寿命为 20 h,具体使用时是当一个元件损坏后立即更换另一个新元件,如此继续,已知每个元件进价为 1 000 元,问在年计划中应为此元件作多少元预算,才可以有 97.5%的把握一年够用?(假定一年工作时间有 2 000 h)

6. 某车间有 200 台车床, 在生产期间由于需要检修、调换刀具、变换位置及调换工作等常需停车. 设开工率为 0.8,并设每台车床的工作是独立的, 且在开工时需电力 1 kW. 问应供应多少 kW 电力才能以 99.9%的概率保证该车间不会因供电不足而影响生产?

第六章　样本及抽样分布

第一节　常用抽样分布

一、梳理主要内容

1. **样本的定义**：设随机变量 $X_1, X_2, \cdots, X_n$ 相互独立且与总体 X 有相同分布，则称 $X_1, X_2, \cdots, X_n$ 是取自总体 X 的简单随机样本，简称样本. 样本的观察值 $x_1, x_2, \cdots, x_n$ 称为样本值. n 是样本容量.

2. **统计量**：不含未知参数的样本的函数.

3. **常用统计量**：样本均值 $\overline{X}$、样本方差 S^2、样本标准差 S、样本(k 阶)原点矩 A_k、样本(k 阶)中心矩 B_k.

4. **χ^2 分布**：设 $X_1, X_2, \cdots, X_n$ 是取自总体 X 的样本，$X \sim N(0,1)$，则随机变量

$\chi^2 = X_1^2 + X_2^2 + \cdots + X_n^2 \sim \chi^2(n)$.

常用结论：(1) n 个相互独立的标准正态随机变量的平方和服从自由度为 n 的 χ^2 分布.

(2) 若 $\chi^2 \sim \chi^2(n)$，则 $E(\chi^2) = n$，$D(\chi^2) = 2n$.

(3) (可加性)若 $X_i \sim \chi^2(n_i)(i = 1, 2, \cdots, m)$，且 $X_1, X_2, \cdots, X_m$ 相互独立，则

$$\sum_{i=1}^{m} X_i \sim \chi^2(n_1 + n_2 + \cdots + n_m).$$

5. **χ^2 分布的上 α 分位点**：设随机变量 $\chi^2 \sim \chi^2(n)$，对给定的实数 $\alpha(0 < \alpha < 1)$，称满足条件 $P\{\chi^2 > \chi_\alpha^2(n)\} = \alpha$ 的点 $\chi_\alpha^2(n)$ 为 $\chi^2(n)$ 分布的上 α 分位点.

6. **t 分布**：设随机变量 X 和 Y 相互独立，$X \sim N(0, 1)$，$Y \sim \chi^2(n)$，则随机变量

$$t = \frac{X}{\sqrt{Y/n}} \sim t(n).$$

(注：(1) t 分布的概率密度是偶函数，其图形关于纵轴对称；(2) 当 n 充分大时，t 分布近似为标准正态分布 $N(0, 1)$)

7. **t 分布的上 α 分位点**：设随机变量 $t \sim t(n)$，对给定的实数 $\alpha(0 < \alpha < 1)$，称满足条件 $P\{t > t_\alpha(n)\} = \alpha$ 的点 $t_\alpha(n)$ 为 $t(n)$ 分布的上 α 分位点.

常用结论：(1) $t_{1-\alpha}(n) = -t_\alpha(n)$；

(2) 当 $n > 45$ 时，$t_\alpha(n) \approx u_\alpha$；

(3) 若 $t \sim t(n)$，则 $P\{|t| > t_{\alpha/2}(n)\} = \alpha$，$P\{|t| > t_\alpha(n)\} = 2\alpha$.

8. **F 分布**：设随机变量 X 和 Y 相互独立，$X \sim \chi^2(n_1)$，$Y \sim \chi^2(n_2)$，则随机变量

$$F = \frac{X/n_1}{Y/n_2} \sim F(n_1, n_2).$$

（注：若随机变量 $F \sim F(n_1, n_2)$，则 $\frac{1}{F} \sim F(n_2, n_1)$）

9. **F 分布的上 α 分位点：** 设随机变量 $F \sim F(n_1, n_2)$，对给定的实数 $\alpha(0 < \alpha < 1)$，称满足条件 $P\{F > F_\alpha(n_1, n_2)\} = \alpha$ 的点 $F_\alpha(n_1, n_2)$ 为 $F(n_1, n_2)$ 分布的上 α 分位点.

（注：$F_\alpha(n_1, n_2) = \frac{1}{F_{1-\alpha}(n_2, n_1)}$）

10. **注记：** 在三大分布（χ^2 分布、t 分布、F 分布）的定义中，"独立性"这一条件不可缺少.

二、必做题型

1. 设总体 $X \sim N(\mu, \sigma^2)$，μ 已知，且 $\mu \neq 0$，σ^2 未知，X_1, X_2, X_3, X_4 是取自总体 X 的一个样本，写出：

（1）(X_1, X_2, X_3, X_4) 的概率密度；

（2）$\frac{1}{3}(X_1 + X_2 + X_3)$，$\min\{X_2, X_3, X_4\}$，$X_2 + X_3 - X_4 + \mu$，$\frac{X_2 + 2X_3}{\sigma^2}$，$\frac{\sigma^2 X_1 + 6X_3}{3\mu}$ 中的统计量.

2. 设 $X_1, X_2, \cdots, X_n$ 是取自总体 $B(1, p)$ 的一个样本,求:

(1) $(X_1, X_2, \cdots, X_n)$ 的分布律;

(2) $\sum_{i=1}^{n} X_i$ 服从的分布,并写出其分布律;

(3) $E(\overline{X})$;

(4) $D(\overline{X})$.

3. 设随机变量 $X \sim N(0, 1)$,则 $X^2 \sim$ ________; $D(X^2) =$________.

4. 设 X_1、X_2、X_3、X_4 是取自正态总体 $N(0, 3^2)$ 的一个样本,记随机变量 $X = a(X_1 - 3X_2)^2 + b(3X_3 + 4X_4)^2$,则当 $a =$______, $b =$______ 时,X 服从χ^2 分布,其自由度为________.

5. 设 $X_1, X_2, \cdots, X_n$ 是取自总体 $N(\mu, \sigma^2)$ 的一个样本,证明:$\frac{1}{\sigma^2}\sum_{i=1}^{n}(X_i - \mu)^2 \sim \chi^2(n)$.

6. 设 $X_1, X_2, \cdots, X_7$ 是取自总体 $N(0, 0.5^2)$ 的一个样本,求 $P\left\{\sum_{i=1}^{7} X_i^2 > 4\right\}$.

7. 若随机变量 $t \sim t(n)$,证明:

(1) $P\{|t| > t_{\alpha/2}(n)\} = \alpha$;

(2) $P\{|t| > t_{\alpha}(n)\} = 2\alpha$.

8. 设 X_1、X_2、X_3、X_4、X_5 是取自正态总体 $N(0, 2^2)$ 的一个样本,且随机变量 $Y = \dfrac{C(X_1 - X_2)}{\sqrt{X_3^2 + X_4^2 + X_5^2}} \sim t(n)$,求常数 C、n.

9. 设随机变量 $X \sim N(2, 1)$，随机变量 Y_1、Y_2、Y_3、Y_4 均服从正态分布 $N(0, 4)$，且 X、Y_1、Y_2、Y_3、Y_4 相互独立，记 $T = \dfrac{4(X-2)}{\sqrt{\sum_{i=1}^{4} Y_i^2}}$. 求：

（1）随机变量 T 的分布；

（2）使得 $P\{|T| > t_0\} = 0.01$ 的 t_0 的值.

10. 证明：

（1）若随机变量 $F \sim F(n_1, n_2)$，则 $\dfrac{1}{F} \sim F(n_2, n_1)$；

（2）若随机变量 $X \sim t(n)$，则 $X^2 \sim F(1, n)$；$\dfrac{1}{X^2} \sim F(n, 1)$.

11. 设 $X_1, X_2, \cdots, X_n$ 是取自总体 $N(0, 1)$ 的一个样本 $(n > 4)$，求统计量 $Y = \left(\dfrac{n}{4} - 1\right) \sum_{i=1}^{4} X_i^2 \Big/ \sum_{i=5}^{n} X_i^2$ 的分布.

第二节　正态总体下样本均值与样本方差的分布

一、梳理主要内容

1. **一个正态总体情形**：设总体 $X \sim N(\mu, \sigma^2)$，$X_1, X_2, \cdots, X_n$ 是取自总体 X 的一个样本，$\overline{X}=\frac{1}{n}\sum_{i=1}^{n}X_i$ 与 $S^2=\frac{1}{n-1}\sum_{i=1}^{n}(X_i-\overline{X})^2$ 分别为样本均值与样本方差,则

(1) $\overline{X} \sim N\left(\mu, \frac{\sigma^2}{n}\right)$，进一步地 $\frac{\overline{X}-\mu}{\sigma/\sqrt{n}} \sim N(0, 1)$；

(2) $\frac{(n-1)S^2}{\sigma^2}=\frac{1}{\sigma^2}\sum_{i=1}^{n}(X_i-\overline{X})^2=\sum_{i=1}^{n}\left(\frac{X_i-\overline{X}}{\sigma}\right)^2 \sim \chi^2(n-1)$；

（注：若 $X \sim N(\mu, \sigma^2)$，则 $\frac{1}{\sigma^2}\sum_{i=1}^{n}(X_i-\mu)^2=\sum_{i=1}^{n}\left(\frac{X_i-\mu}{\sigma}\right)^2 \sim \chi^2(n)$）

(3) $\overline{X}$ 与 S^2 相互独立；

(4) $T=\frac{\overline{X}-\mu}{S/\sqrt{n}} \sim t(n-1)$，进一步地，$\frac{(\overline{X}-\mu)^2}{S^2/n} \sim F(1, n-1)$.

2. **两个正态总体情形**：设总体 $X \sim N(\mu_1, \sigma_1^2)$、$Y \sim N(\mu_2, \sigma_2^2)$，且 X 和 Y 相互独立，$X_1, X_2, \cdots, X_{n_1}$ 是取自总体 X 的样本，$\overline{X}$ 与 S_1^2 分别为该样本的样本均值与样本方差，$Y_1, Y_2, \cdots, Y_{n_2}$ 是取自总体 Y 的样本，$\overline{Y}$ 与 S_2^2 分别为该样本的样本均值与样本方差,记 $S_w^2=\frac{(n_1-1)S_1^2+(n_2-1)S_2^2}{n_1+n_2-2}$，$S_w=\sqrt{S_w^2}$，则

(1) $\overline{X}-\overline{Y} \sim N\left(\mu_1-\mu_2, \frac{\sigma_1^2}{n_1}+\frac{\sigma_2^2}{n_2}\right)$，进一步地，$\frac{(\overline{X}-\overline{Y})-(\mu_1-\mu_2)}{\sqrt{\sigma_1^2/n_1+\sigma_2^2/n_2}} \sim N(0, 1)$；

(2) $F=\frac{S_1^2/S_2^2}{\sigma_1^2/\sigma_2^2} \sim F(n_1-1, n_2-1)$；

(3) 当 $\sigma_1^2=\sigma_2^2=\sigma^2$ 时，$T=\frac{(\overline{X}-\overline{Y})-(\mu_1-\mu_2)}{S_w\sqrt{1/n_1+1/n_2}} \sim t(n_1+n_2-2)$.

3. **重要结论**：

(1) 设总体 X 的数学期望为 $E(X)=\mu$，方差为 $D(X)=\sigma^2$，$X_1, X_2, \cdots, X_n$ 是取自总体 X 的一个样本,则 $E(\overline{X})=\mu$，$D(\overline{X})=\frac{\sigma^2}{n}$，$E(S^2)=\sigma^2$.

（2）若总体 $X \sim N(\mu, \sigma^2)$，则 $D(S^2) = \dfrac{2\sigma^4}{n-1}$.

二、必做题型

1. 设总体 $X \sim N(1, 3^2)$，$X_1, X_2, \cdots, X_n$ 是取自总体 X 的一个样本，则正确的是(　　).

(A) $\dfrac{\overline{X}-1}{3} \sim N(0, 1)$　　(B) $\dfrac{\overline{X}-1}{9} \sim N(0, 1)$

(C) $\dfrac{\sqrt{n}(\overline{X}-1)}{3} \sim N(0, 1)$　　(D) $\dfrac{n(\overline{X}-1)}{9} \sim N(0, 1)$

2. 设总体 $X \sim N(18, 4^2)$，$X_1, X_2, \cdots, X_{16}$ 是取自总体 X 的一个样本，求：

（1）样本均值 $\overline{X}$ 的数学期望与方差；

（2）$P\{|X-18| \leqslant 0.4\}$；

（3）$P\{|\overline{X}-18| \leqslant 0.4\}$.

3. 设总体 $X \sim N(81, 3^2)$，从总体 X 中应抽取至少多大容量的样本，才能使样本均值 $\overline{X}$ 大于 78 的概率不小于 0.975?

4. 设两个相互独立的总体 X、Y 均服从正态分布 $N(10, 4)$，从 X、Y 中分别抽得容量为 $n_1 = 16$，$n_2 = 9$ 的两个样本 $X_1, X_2, \cdots, X_{16}$ 和 $Y_1, Y_2, \cdots, Y_9$，求 $P\{|\overline{X}-\overline{Y}| > 0.4\}$.

5. 设总体 X 的概率密度为 $f(x)=\begin{cases}2x, & 0<x<1,\\ 0, & 其他,\end{cases}$ $X_1, X_2, \cdots, X_n$ 是取自总体 X 的一个样本, $\overline{X}$ 与 S^2 分别为该样本的均值与方差. 求:

(1) $E(\overline{X})$;

(2) $D(\overline{X})$;

(3) $E(S^2)$.

6. 证明: 若总体 $X \sim N(\mu, \sigma^2)$, $X_1, X_2, \cdots, X_n$ 是取自总体 X 的一个样本, S^2 为该样本的方差,则 $D(S^2)=\dfrac{2\sigma^4}{n-1}$.

7. 设总体 $X \sim N(0, \sigma^2)$, $X_1, X_2, \cdots, X_n (n \geqslant 2)$ 是取自总体 X 的一个样本,则下列统计量中,服从自由度为 $n-1$ 的 t 分布的是(　　).

(A) $\dfrac{\sqrt{n}\overline{X}}{S}$　　(B) $\dfrac{n\overline{X}}{S}$　　(C) $\dfrac{\sqrt{n}\overline{X}}{S^2}$　　(D) $\dfrac{n\overline{X}}{S^2}$

8. 设 $X_1, X_2, \cdots, X_n (n \geqslant 2)$ 是取自总体 $N(\mu, \sigma^2)$ 的一个样本, $\overline{X}$ 与 S^2 分别为该样本的样本均值与样本方差,则下列统计量中服从 t 分布的是(　　).

(A) $\dfrac{\overline{X}}{\sqrt{(n-1)S^2/\sigma^2}}$　　(B) $\dfrac{\dfrac{\overline{X}-\mu}{\sigma/\sqrt{n}}}{\sqrt{(n-1)S^2/\sigma^2}}$

(C) $\dfrac{\dfrac{\overline{X}-\mu}{\sigma/\sqrt{n}}}{\sqrt{S^2/\sigma^2}}$　　(D) $\dfrac{\overline{X}-\mu}{\sqrt{(n-1)S^2/\sigma^2}}$

9. 设随机变量 X 和 Y 相互独立，$X \sim N(2, 4)$，$Y \sim N(3,9)$，$X_1, X_2, \cdots, X_7$ 和 $Y_1, Y_2, \cdots, Y_{10}$ 是分别取自总体 X 与 Y 的两个样本，S_1^2 与 S_2^2 分别为这两个样本的方差，则(   ).

(A) $\dfrac{4S_1^2}{9S_2^2} \sim F(6, 9)$　　(B) $\dfrac{2S_1^2}{3S_2^2} \sim F(6, 9)$

(C) $\dfrac{9S_1^2}{4S_2^2} \sim F(6, 9)$　　(D) $\dfrac{3S_1^2}{2S_2^2} \sim F(6, 9)$

10. 设 $X_1, X_2, \cdots, X_n (n \geqslant 2)$ 是取自总体 $N(0, 1)$ 的一个样本，$\overline{X}$ 与 S^2 分别为该样本的均值与方差，则(   ).

(A) $n\overline{X} \sim N(0, 1)$　　(B) $nS^2 \sim \chi^2(n)$

(C) $\dfrac{(n-1)\overline{X}}{S} \sim t(n-1)$　　(D) $\dfrac{(n-1)X_1^2}{\sum\limits_{i=2}^{n} X_i^2} \sim F(1, n-1)$

11. 设总体 $X \sim N(\mu, \sigma^2)$，从中抽取一个容量为 16 的样本，$\overline{X}$、S^2 分别为该样本的均值和方差，μ、σ^2 均未知. 求 $P\left\{\dfrac{S^2}{\sigma^2} > 2.041\right\}$.

12. (1) 查表写出 $F_{0.1}(10, 9)$，$F_{0.01}(10, 9)$ 的值；

(2) 设总体 X 和 Y 相互独立，且都服从正态分布 $N(15, 2^2)$，$X_1, X_2, \cdots, X_{11}$ 和 $Y_1, Y_2, \cdots, Y_{10}$ 是分别取自总体 X 和 Y 的两个样本，$\overline{X}$ 和 $\overline{Y}$ 分别是这两个样本的均值，S_1^2 和 S_2^2 分别是这两个样本的方差. 求 $P\left\{2.42 \leqslant \dfrac{S_1^2}{S_2^2} \leqslant 5.26\right\}$.

第六章　样本及抽样分布　测试题

1. 设 $X_1, X_2, \cdots, X_n\ (n>1)$ 是取自总体 $N(0,1)$ 的一个样本,则随机变量 $Y=\frac{1}{m}\left(\sum_{i=1}^{m} X_i\right)^2+\frac{1}{n-m}\left(\sum_{i=m+1}^{n} X_i\right)^2$ 服从______________分布.

2. 设总体 X 服从正态分布 $N(0,9)$, $X_1, X_2, \cdots, X_{20}$ 是取自总体 X 的一个样本,问随机变量 $Y=\frac{3(X_1^2+\cdots+X_5^2)}{X_6^2+\cdots+X_{20}^2}$ 服从何种分布,自由度是多少?

3. 设两个总体 X 与 Y 相互独立,且均服从正态分布 $N(0,9)$, $X_1, X_2, \cdots, X_9$ 和 $Y_1, Y_2, \cdots, Y_9$ 是分别取自 X 和 Y 的样本,问随机变量 $U=\frac{X_1+\cdots+X_9}{\sqrt{Y_1^2+\cdots+Y_9^2}}$ 服从何种分布?

4. 设总体 $X \sim N(\mu, \sigma^2)$, $X_1, X_2, \cdots, X_n$ 是取自总体 X 的一个样本,求:

(1) $E\left[\sum_{i=1}^{n}(X_i - \overline{X})^2\right]$;

(2) $D\left[\sum_{i=1}^{n}(X_i - \overline{X})^2\right]$.

5. 设总体 $X \sim N(12, \sigma^2)$, 从中抽取容量为 25 的一个样本,求:

(1) 在已知 $\sigma = 2$ 的情形下,样本均值 $\overline{X}$ 小于 12.5 的概率;

(2) 在 σ 未知,但已知样本方差为 $s^2 = 5.57$ 的情形下,样本均值 $\overline{X}$ 小于 12.5 的概率.

6. 设总体 $X \sim N(\mu, \sigma^2)$, $X_1, X_2, \cdots, X_{16}$ 是取自总体 X 的一个样本, $\overline{X}$ 、S^2 分别为该样本的均值、方差, μ 、σ^2 未知. 求:

(1) $P\left\{\frac{\sigma^2}{2} \leqslant \frac{1}{16}\sum_{i=1}^{16}(X_i - \overline{X})^2 \leqslant 2\sigma^2\right\}$;

(2) $P\left\{\frac{\sigma^2}{2} \leqslant \frac{1}{16}\sum_{i=1}^{16}(X_i - \mu)^2 \leqslant 2\sigma^2\right\}$.

第七章　参 数 估 计

第一节　矩估计和最大似然估计

一、梳理主要内容

1. **点估计的定义**：设 $X_1, X_2, \cdots, X_n$ 是取自总体 X 的一个样本，$x_1, x_2, \cdots, x_n$ 是相应的一个样本值. θ 是总体分布中的未知参数，为估计未知参数 θ，需构造一个适当的统计量 $\hat{\theta}(X_1, X_2, \cdots, X_n)$，然后用其观察值 $\hat{\theta}(x_1, x_2, \cdots, x_n)$ 来估计 θ 的值，称 $\hat{\theta}(X_1, X_2, \cdots, X_n)$ 为 θ 的估计量，称 $\hat{\theta}(x_1, x_2, \cdots, x_n)$ 为 θ 的估计值. 在不致混淆的情况下，估计量与估计值统称为点估计，简称为估计，并简记为 $\hat{\theta}$.

2. **矩估计法的基本思想**：用样本矩估计相应的总体矩，用样本矩的函数估计相应的总体矩的函数，从而求出未知参数的估计量.

3. **矩估计法的步骤**：设总体 X 的分布函数 $F(x; \theta_1, \cdots, \theta_k)$ 中含有 k 个未知参数 $\theta_1, \cdots, \theta_k$，

（1）求总体 X 的前 k 阶矩 $\mu_1, \cdots, \mu_k$；（一般地，有几个未知参数，就求出几阶矩）

（2）列矩估计方程组：令 $A_i = \mu_i (i = 1, 2, \cdots, k)$；

（3）解矩估计方程组得：$\hat{\theta}_j = h_j(A_1, \cdots, A_k)$，$j = 1, 2, \cdots, k$，即得未知参数 θ_j 的矩估计量.

4. **最大似然估计法的基本思想**：在已经得到试验结果的情况下，即已知样本值 $x_1, x_2, \cdots, x_n$ 的情况下，寻找使得这个结果出现可能性最大的那个参数值作为未知参数的估计. 最大似然估计即为似然函数的最大值点.

5. **似然函数（描述样本值出现的可能性大小的函数）**：

（1）离散型：设总体 X 的分布律为 $P\{X = x\} = p(x; \theta)$，其中 θ 为未知参数.

设 $X_1, X_2, \cdots, X_n$ 是取自总体 X 的一个样本，样本的观察值为 $x_1, x_2, \cdots, x_n$，

似然函数为 $L(\theta) = L(x_1, x_2, \cdots, x_n; \theta) = \prod_{i=1}^{n} p(x_i; \theta)$.

（2）连续型：设总体 X 的概率密度为 $f(x; \theta)$，其中 θ 为未知参数，似然函数为 $L(\theta) = L(x_1, x_2, \cdots, x_n; \theta) = \prod_{i=1}^{n} f(x_i; \theta)$.

6. **最大似然估计法的步骤**：

（1）写出似然函数 $L(\theta)$；

（2）取对数，得对数似然函数 $\ln L(\theta)$；

（3）解对数似然方程 $\frac{d\ln L(\theta)}{d\theta}=0$，求出驻点 $\hat{\theta}=\hat{\theta}(x_1, x_2, \cdots, x_n)$，即得 θ 的最大似然估计值，$\hat{\theta}=\hat{\theta}(X_1, X_2, \cdots, X_n)$ 是 θ 的最大似然估计量.

7. **注记：**

（1）最大似然估计法可推广到多个未知参数的情形：若有多个未知参数 $\theta_1, \cdots, \theta_k$，则解对数似然方程组 $\frac{\partial \ln L(\theta_1, \theta_2, \cdots, \theta_k)}{\partial \theta_i}=0$，其中 $i=1, 2, \cdots, k$，即得 $\theta_1, \cdots, \theta_k$ 的最大似然估计值.

（2）若似然函数不可导或似然方程（组）无解，可由定义求出最大似然估计.

（3）最大似然估计量的不变性原则：设 $\hat{\theta}$ 是总体分布中未知参数 θ 的最大似然估计，函数 $u=u(\theta)$ 具有单值反函数 $\theta=\theta(u)$，则 $\hat{u}=u(\hat{\theta})$ 是 $u=u(\theta)$ 的最大似然估计.

二、必做题型

1. 设 $\hat{\theta}$ 是某总体分布中未知参数 θ 的最大似然估计量，则 $3\theta^3+2$ 的最大似然估计量为____________.

2. 设总体 X 在区间 $(0, \theta)$ 上服从均匀分布，θ 未知，$X_1, X_2, \cdots, X_n$ 是取自总体 X 的一个样本，

（1）求 θ 的矩估计量；

（2）设样本观察值为 0.30　0.50　0.80　0.65　0.75，求 θ 的矩估计值.

3. 设总体 X 在区间 (a, b) 上服从均匀分布，a、b 未知，$X_1, X_2, \cdots, X_n$ 是取自总体 X 的一个样本，求 a 和 b 的矩估计量.

4. 设总体 X 服从参数为 p 的几何分布,分布律为 $P\{X = k\} = p(1-p)^{k-1}$, $k = 1, 2, \cdots$, $0 < p < 1$, p 为未知参数, $X_1, X_2, \cdots, X_n$ 是取自总体 X 的一个样本,求 p 的最大似然估计量.

5. 设 $X_1, X_2, \cdots, X_n$ 是取自参数为 λ 的泊松分布总体的一个样本,求 λ 的矩估计量和最大似然估计量.

6. 设总体 X 的分布律为

X	1	2	3
p	θ^2	$2\theta(1-\theta)$	$(1-\theta)^2$

其中 θ 未知, $0 < \theta < 1$, 已知取得了样本值 $x_1 = 1$, $x_2 = 1$, $x_3 = 3$, 求 θ 的矩估计值和最大似然估计值.

7. 设总体 X 的概率密度为 $f(x;\theta)=\begin{cases}\theta x^{\theta-1}, & 0<x<1,\\ 0, & 其他,\end{cases}$ θ 未知, $X_1, X_2, \cdots, X_n$ 是取自总体 X 的一个样本,求 θ 的矩估计量和最大似然估计量.

8. 设某路口车辆经过的间隔时间 X 服从参数为 λ 的指数分布,即概率密度为 $f(x;\lambda)=\begin{cases}\lambda e^{-\lambda x}, & x>0\\ 0, & 其他,\end{cases}$ 现观测到6个间隔时间(单位: s):

1.8　10.1　3.5　4.0　2.5　5.6,求 λ 的矩估计值和最大似然估计值.

9. 设总体 $X\sim N(\mu,\sigma^2)$, μ 和 σ^2 均未知, $X_1, X_2, \cdots, X_n$ 是取自总体 X 的一个样本,求 μ 和 σ^2 的最大似然估计量.

第二节　估计量的评选标准

一、梳理主要内容

1. **无偏性**：设 $\hat{\theta}(X_1, \cdots, X_n)$ 是未知参数 θ 的估计量，若 $E(\hat{\theta})=\theta$，则称 $\hat{\theta}$ 为 θ 的无偏估计量.

2. **有效性**：设 $\hat{\theta}_1=\hat{\theta}_1(X_1, \cdots, X_n)$ 和 $\hat{\theta}_2=\hat{\theta}_2(X_1, \cdots, X_n)$ 都是参数 θ 的无偏估计量，若 $D(\hat{\theta}_1)<D(\hat{\theta}_2)$，则称估计量 $\hat{\theta}_1$ 较估计量 $\hat{\theta}_2$ 有效.

3. **相合性(一致性)**：设 $\hat{\theta}=\hat{\theta}(X_1, \cdots, X_n)$ 为未知参数 θ 的估计量，若 $\hat{\theta}$ 依概率收敛于 θ，即对任意 $\varepsilon>0$，有 $\lim\limits_{n\to\infty}P\{|\hat{\theta}-\theta|<\varepsilon\}=1$ 或 $\lim\limits_{n\to\infty}P\{|\hat{\theta}-\theta|\geqslant\varepsilon\}=0$，则称 $\hat{\theta}$ 为 θ 的相合估计量或一致估计量.

二、必做题型

1. 设总体 $X\sim N(\mu, 1)$，X_1, X_2, X_3 是取自总体 X 的一个样本，下列估计量中不是 μ 的无偏估计量的是(　　).

(A) $\hat{\mu}_1=\frac{1}{5}X_1+\frac{3}{10}X_2+\frac{1}{2}X_3$　　(B) $\hat{\mu}_2=\frac{1}{3}X_1+\frac{1}{4}X_2+\frac{5}{12}X_3$

(C) $\hat{\mu}_3=\frac{1}{4}X_1+\frac{1}{4}X_2+\frac{1}{4}X_3$　　(D) $\hat{\mu}_4=\frac{1}{6}X_1+\frac{1}{3}X_2+\frac{1}{2}X_3$

2. 设 X_1, X_2, X_3, X_4 是取自总体 X 的一个样本，$E(X)=\mu$，$D(X)=\sigma^2$，以下四个估计量中是 μ 的最有效估计量的是(　　).

(A) $\hat{\mu}_1=\frac{1}{3}(X_1+X_2+X_3)$　　(B) $\hat{\mu}_2=\frac{1}{4}(X_1+X_2+X_3+X_4)$

(C) $\hat{\mu}_3=\frac{1}{2}(X_2+X_3)$　　(D) $\hat{\mu}_4=\frac{1}{6}X_1+\frac{1}{6}X_2+\frac{1}{2}X_3+\frac{1}{6}X_4$

3. 设 $X_1, X_2, \cdots, X_n(n\geqslant 2)$ 是取自总体 X 的一个样本，且 $E(X)=\mu$，且 $\mu\neq 0$，$D(X)=\sigma^2$，则下列统计量中是 σ^2 的无偏估计量的是(　　).

(A) $\frac{1}{n}\sum\limits_{i=1}^{n}(X_i-\overline{X})^2$　　(B) $\frac{1}{n+1}\sum\limits_{i=1}^{n}(X_i-\overline{X})^2$

(C) $\frac{1}{n-1}\sum\limits_{i=1}^{n}(X_i-\overline{X})^2$　　(D) $\frac{1}{n}\sum\limits_{i=1}^{n}X_i^2$

4. 设总体 $X\sim B(1, p)$，$0<p<1$，p 为未知参数，X_1, X_2 是取自总体 X 的一个样本，则下列说法正确的是(　　).

(A) X_1 不是 p 的无偏估计　　(B) X_1^2 是 p^2 的无偏估计

(C) X_1X_2 不是 p^2 的无偏估计　　(D) X_1X_2 是 p^2 的无偏估计

5. 设总体 $X \sim N(\mu, \sigma^2)$, X_1, X_2, X_3 是取自总体 X 的一个样本, $\hat{\mu} = \frac{1}{3}X_1 + \frac{1}{2}X_2 + aX_3$ 是 μ 的无偏估计量,则 $a =$ ________.

6. 设总体 $X \sim B(n, p)$, $X_1, X_2, \cdots, X_n$ 是取自总体 X 的一个样本, $\overline{X}$ 与 S^2 分别为样本均值与样本方差. 若 $\overline{X} + kS^2$ 是 np^2 的无偏估计量,求常数 k.

7. 设总体 X 的数学期望为 μ, $X_1, X_2, \cdots, X_n$ 是取自总体 X 的一个样本, $a_1, a_2, \cdots, a_n$ 是任意常数. 证明: $\left(\sum_{i=1}^{n} a_iX_i\right) \Big/ \sum_{i=1}^{n} a_i$ 是 μ 的无偏估计量 ($\sum_{i=1}^{n} a_i \neq 0$).

8. 设总体 X 的 k 阶矩 $\mu_k = E(X^k)$ 存在 $(k \geqslant 1)$, $X_1, X_2, \cdots, X_n$ 是取自总体 X 的一个样本. 证明: 不论总体服从什么分布, k 阶样本原点矩 $A_k = \frac{1}{n}\sum_{i=1}^{n} X_i^k$ 是 k 阶总体矩 μ_k 的无偏估计量.

9. 设总体 X 的概率密度为 $f(x; \theta) = \begin{cases} 2\theta x + 1 - \theta, & 0 < x < 1, \\ 0, & \text{其他}, \end{cases}$ 其中 $\theta < 1$,

(1) 求 θ 的矩估计量 $\hat{\theta}$;

(2) 问 $\hat{\theta}$ 是否是 θ 的无偏估计量.

第三节 区间估计

一、梳理主要内容

1. **双侧置信区间的定义**：设 θ 为总体分布中的未知参数，$X_1, X_2, \cdots, X_n$ 是取自总体 X 的一个样本，对给定的数 $1-\alpha(0<\alpha<1)$，若存在统计量 $\underline{\theta}=\underline{\theta}(X_1, X_2, \cdots, X_n)$，$\overline{\theta}=\overline{\theta}(X_1, X_2, \cdots, X_n)$，使得 $P\{\underline{\theta}<\theta<\overline{\theta}\}=1-\alpha$，则称随机区间 $(\underline{\theta}, \overline{\theta})$ 为 θ 的置信度（或置信水平）为 $1-\alpha$ 的双侧置信区间，分别称 $\underline{\theta}$ 与 $\overline{\theta}$ 为 θ 的双侧置信下限与双侧置信上限.

2. **单侧置信区间的定义**：

（1）若 $P\{\theta<\overline{\theta}\}=1-\alpha$，称随机区间 $(-\infty, \overline{\theta})$ 为 θ 的置信度（或置信水平）为 $1-\alpha$ 的单侧置信区间，$\overline{\theta}$ 称为 θ 的单侧置信上限.

（2）若 $P\{\theta>\underline{\theta}\}=1-\alpha$，称随机区间 $(\underline{\theta}, +\infty)$ 为 θ 的置信度（或置信水平）为 $1-\alpha$ 的单侧置信区间，$\underline{\theta}$ 称为 θ 的单侧置信下限.

3. **求置信区间的步骤**：

（1）构造一个样本 $X_1, X_2, \cdots, X_n$ 和未知参数 θ 的函数 $W=W(X_1, X_2, \cdots, X_n; \theta)$，且 W 的分布已知，不依赖于样本和未知参数（称 W 为枢轴量）；

（2）对给定的置信度 $1-\alpha$，确定两个常数 a 与 b，使 $P\{a<W<b\}=1-\alpha$，通常可选取满足 $P\{W\leqslant a\}=P\{W\geqslant b\}=\dfrac{\alpha}{2}$ 的 a 与 b，在常用分布情况下，这可由分位点表查得；

（3）从不等式 $a<W<b$ 得到与之等价的不等式

$\underline{\theta}(X_1, X_2, \cdots, X_n)<\theta<\overline{\theta}(X_1, X_2, \cdots, X_n)$，则有 $P\{\underline{\theta}<\theta<\overline{\theta}\}=1-\alpha$，故 $(\underline{\theta}, \overline{\theta})$ 就是 θ 的置信度为 $1-\alpha$ 的双侧置信区间.

4. **一个正态总体的置信区间**：设总体 $X\sim N(\mu, \sigma^2)$，$X_1, X_2, \cdots, X_n$ 是取自总体 X 的一个样本，$\overline{X}$ 与 S^2 分别为样本均值与样本方差，置信度为 1-α，则有

待估参数	其他参数	枢 轴 量	置 信 区 间	单侧置信限
μ	σ^2 已知	$Z=\dfrac{\overline{X}-\mu}{\sigma/\sqrt{n}}\sim N(0, 1)$	$\left(\overline{X}\pm\dfrac{\sigma}{\sqrt{n}}u_{\alpha/2}\right)$	$\underline{\mu}=\overline{X}-\dfrac{\sigma}{\sqrt{n}}u_{\alpha}$ $\overline{\mu}=\overline{X}+\dfrac{\sigma}{\sqrt{n}}u_{\alpha}$

续 表

待估参数	其他参数	枢 轴 量	置 信 区 间	单侧置信限
μ	σ^2 未知	$T=\dfrac{\overline{X}-\mu}{S/\sqrt{n}}\sim t(n-1)$	$\left(\overline{X}\pm\dfrac{S}{\sqrt{n}}t_{\alpha/2}(n-1)\right)$	$\underline{\mu}=\overline{X}-\dfrac{S}{\sqrt{n}}t_{\alpha}(n-1)$ $\overline{\mu}=\overline{X}+\dfrac{S}{\sqrt{n}}t_{\alpha}(n-1)$
σ^2	μ 未知	$\chi^2=\dfrac{(n-1)S^2}{\sigma^2}$ $\sim\chi^2(n-1)$	$\left(\dfrac{(n-1)S^2}{\chi^2_{\alpha/2}(n-1)},\right.$ $\left.\dfrac{(n-1)S^2}{\chi^2_{1-\alpha/2}(n-1)}\right)$	$\underline{\sigma}^2=\dfrac{(n-1)S^2}{\chi^2_{\alpha}(n-1)}$ $\overline{\sigma}^2=\dfrac{(n-1)S^2}{\chi^2_{1-\alpha}(n-1)}$

5. 两个正态总体的置信区间： 设总体 X 和 Y 相互独立，且 $X\sim N(\mu_1,\sigma_1^2)$，$Y\sim N(\mu_2,\sigma_2^2)$，又 $X_1, X_2, \cdots, X_{n_1}$ 是取自总体 X 的样本，$\overline{X}$ 与 S_1^2 分别为该样本的样本均值与样本方差，$Y_1, Y_2, \cdots, Y_{n_2}$ 是取自总体 Y 的样本，$\overline{Y}$ 与 S_2^2 分别为该样本的样本均值与样本方差，置信度为 1-α，则有

待估参数	其他参数	枢 轴 量	置 信 区 间	单侧置信限
$\mu_1-\mu_2$	σ_1^2、σ_2^2 已知	$\dfrac{(\overline{X}-\overline{Y})-(\mu_1-\mu_2)}{\sqrt{\dfrac{\sigma_1^2}{n_1}+\dfrac{\sigma_2^2}{n_2}}}$ $\sim N(0,1)$	$\left(\overline{X}-\overline{Y}\pm u_{\alpha/2}\sqrt{\dfrac{\sigma_1^2}{n_1}+\dfrac{\sigma_2^2}{n_2}}\right)$	$\underline{\mu_1-\mu_2}=$ $\overline{X}-\overline{Y}-u_{\alpha}\sqrt{\dfrac{\sigma_1^2}{n_1}+\dfrac{\sigma_2^2}{n_2}}$ $\overline{\mu_1-\mu_2}=$ $\overline{X}-\overline{Y}+u_{\alpha}\sqrt{\dfrac{\sigma_1^2}{n_1}+\dfrac{\sigma_2^2}{n_2}}$
$\mu_1-\mu_2$	$\sigma_1^2=\sigma_2^2=\sigma^2$ 未知	$T=\dfrac{(\overline{X}-\overline{Y})-(\mu_1-\mu_2)}{S_w\sqrt{\dfrac{1}{n_1}+\dfrac{1}{n_2}}}$ $\sim t(n_1+n_2-2)$ ${S_w}^2=$ $\dfrac{(n_1-1)S_1^2+(n_2-1)S_2^2}{n_1+n_2-2}$	$\left(\overline{X}-\overline{Y}\pm\right.$ $\left.t_{\alpha/2}(n_1+n_2-2)S_w\sqrt{\dfrac{1}{n_1}+\dfrac{1}{n_2}}\right)$	$\underline{\mu_1-\mu_2}=\overline{X}-\overline{Y}$ $-t_{\alpha}(n_1+n_2-2)S_w\sqrt{\dfrac{1}{n_1}+\dfrac{1}{n_2}}$ $\overline{\mu_1-\mu_2}=\overline{X}-\overline{Y}$ $+t_{\alpha}(n_1+n_2-2)S_w\sqrt{\dfrac{1}{n_1}+\dfrac{1}{n_2}}$
σ_1^2/σ_2^2	μ_1、μ_2 未知	$F=\dfrac{S_1^2/S_2^2}{\sigma_1^2/\sigma_2^2}$ $\sim F(n_1-1,n_2-1)$	$\left(\dfrac{1}{F_{\alpha/2}(n_1-1,n_2-1)}\cdot\dfrac{S_1^2}{S_2^2},\right.$ $\left.\dfrac{1}{F_{1-\alpha/2}(n_1-1,n_2-1)}\cdot\dfrac{S_1^2}{S_2^2}\right)$	$\underline{\dfrac{\sigma_1^2}{\sigma_2^2}}=\dfrac{1}{F_{\alpha}(n_1-1,n_2-1)}\cdot\dfrac{S_1^2}{S_2^2}$ $\overline{\dfrac{\sigma_1^2}{\sigma_2^2}}=\dfrac{1}{F_{1-\alpha}(n_1-1,n_2-1)}\cdot\dfrac{S_1^2}{S_2^2}$

二、必做题型

1. 阐述区间估计的精度与置信度之间的关系.

2. 设总体 X 的分布函数为 $F(x;\theta)$，θ 为未知参数，由样本观察值，得 $P\{34<\theta<68.1\}=0.975$，则称________为 θ 的一个置信度为________的双侧置信区间.

3. 设 $X_1, X_2, \cdots, X_n$ 是取自总体 X 的一个样本，$x_1, x_2, \cdots, x_n$ 是一个样本观察值，θ 是总体分布中的未知参数，$\underline{\theta}(X_1, X_2, \cdots, X_n)$，$\overline{\theta}(X_1, X_2, \cdots, X_n)$ 分别是 θ 的置信度为 $1-\alpha$ 的双侧置信下限和上限，则 $P\{\underline{\theta}(x_1, x_2, \cdots, x_n)<\theta<\overline{\theta}(x_1, x_2, \cdots, x_n)\}=($　　$)$.
(A) α　　(B) $1-\alpha$　　(C) 0 或 1　　(D) 以上都不正确

4. 设某车间生产的滚珠直径 $X \sim N(\mu, 0.05)$，现从某天的产品中抽取 5 个，得 $\overline{x}=16.2$ mm，求当天生产的滚珠的平均直径的置信度为 0.95 的一个置信区间.

5. 设一批零件的长度服从正态分布 $N(\mu, \sigma^2)$，其中 μ 与 σ^2 均未知，现从中抽取 16 个零件，测得：$\overline{x}=20$ cm，$s=1$ cm. 求：
(1) μ 的置信度为 0.9 的一个置信区间；
(2) σ^2 的置信度为 0.9 的一个置信区间.

6. 设某种油漆的干燥时间 X（单位：h）服从正态分布 $N(\mu, \sigma^2)$，从中抽取 9 个样品，测得其干燥时间分别为 6.0　5.7　5.8　6.5　7.0　6.3　5.6　6.1　5.0，求 μ 的置信度为 0.95 的一个置信区间：
(1) 根据以往经验，知 $\sigma=0.5$；
(2) σ^2 未知.

7. 设总体 $X \sim N(\mu, \sigma^2)$，μ 未知，σ^2 已知，则在给定样本容量 n 和置信度 $1-\alpha$ 的情况下，μ 的置信区间的长度随着样本均值 $\overline{X}$ 的增加而(　　).

(A) 增加　　(B) 减少

(C) 不变　　(D) 不能确定是增加还是减少

8. 某批零件的质量(单位: g)服从正态分布 $N(\mu, \sigma^2)$，现从中抽取 9 个，测得其质量如下：45.3　45.4　45.1　45.3　45.5　45.7　45.4　45.3　45.6. 求 σ^2 的置信度为 0.95 的一个置信区间.

9. 某厂利用两条自动化流水线灌装番茄酱，分别从两条流水线上抽取容量为 $n_1 = 12$ 和 $n_2 = 17$ 的两个样本，计算得：$\overline{x} = 10.6$，$s_1^2 = 2.4$，$\overline{y} = 10.5$，$s_2^2 = 4.7$，假设两条流水线灌装的番茄酱的质量(单位: g)分别服从正态分布 $N(\mu_1, \sigma_1^2)$ 与 $N(\mu_2, \sigma_2^2)$，且这两个总体相互独立. 当 $\sigma_1^2 = \sigma_2^2$ 未知时，求这两个总体均值之差 $\mu_1 - \mu_2$ 的置信度为 0.95 的一个置信区间.

10. 在相同条件下，对甲、乙两种洗涤剂(单位: g)进行去污试验，测得去污率(%)为

甲：79.4　80.5　76.2　82.7　77.8，　　乙：73.4　77.5　79.3　75.1　74.7，

假定两个品牌的去污率分别服从正态分布 $N(\mu_1, 2.7^2)$ 和 $N(\mu_2, 2.4^2)$，求这两个品牌去污率的均值差 $\mu_1 - \mu_2$ 的置信度为 0.9 的一个置信区间.

11. 某钢铁公司的管理人员为比较新旧两个电炉的温度状况，他们抽取了新电炉的 31 个温度数据及旧电炉的 25 个温度数据，并计算得样本方差分别为 $s_1^2 = 75$ 及 $s_2^2 = 100$. 设新电炉的温度 $X \sim N(\mu_1, \sigma_1^2)$，旧电炉的温度 $Y \sim N(\mu_2, \sigma_2^2)$，求 $\dfrac{\sigma_1^2}{\sigma_2^2}$ 的置信度为 0.95 的一个置信区间.

12. 为估计某台切割机的加工精度，取其加工产品 25 件，测量产品长度（单位：cm），测得其样本方差为 $s^2 = 14.06$，若产品长度 X 服从正态分布 $N(\mu, \sigma^2)$，则 σ^2 的置信度为 0.95 的单侧置信上限为________.

13. 设某种灯泡的寿命 X 服从正态分布 $N(\mu, \sigma^2)$，其中 μ 未知，$\sigma^2 = 100$，现随机抽取 16 只灯泡，测得其寿命平均值为 $\bar{x} = 1\ 340$ h，则 μ 的置信度为 0.95 的单侧置信下限为________.

14. 设 $X_1, X_2, \cdots, X_n$ 为总体 $N(\mu, \sigma^2)$ 的一个样本，则方差 σ^2 的置信度为 $1-\alpha$ 的一个置信区间为（　　）.

(A) $\left(\dfrac{(n-1)S^2}{\chi^2_{1-\frac{\alpha}{2}}(n-1)}, \dfrac{(n-1)S^2}{\chi^2_{\frac{\alpha}{2}}(n-1)}\right)$

(B) $\left(\dfrac{(n-1)S^2}{\chi^2_{\frac{\alpha}{3}}(n-1)}, \dfrac{(n-1)S^2}{\chi^2_{1-\frac{\alpha}{3}}(n-1)}\right)$

(C) $\left(\dfrac{(n-1)S^2}{\chi^2_{\frac{\alpha}{5}}(n-1)}, \dfrac{(n-1)S^2}{\chi^2_{1-\frac{4\alpha}{5}}(n-1)}\right)$

(D) $\left(\dfrac{(n-1)S^2}{\chi^2_{1-\frac{4\alpha}{5}}(n-1)}, \dfrac{(n-1)S^2}{\chi^2_{\frac{\alpha}{5}}(n-1)}\right)$

第七章　参数估计　测试题

1. 设总体 $X \sim N(\mu, \sigma^2)$, $X_1, X_2, \cdots, X_n(n > 1)$ 是取自总体 X 的一个样本，$\hat{\mu}_1 = \frac{2}{n-1}\sum_{i=2}^{n} X_i - X_1$，$\hat{\mu}_2 = \overline{X}$，$\hat{\mu}_3 = \frac{1}{2}X_1 + \frac{2}{3}X_2 - \frac{1}{6}X_3$ 中，μ 的无偏估计为________，最有效的是________.

2. 设总体 $X \sim N(\mu, \sigma^2)$，其中 μ 已知，σ 未知，$X_1, X_2, \cdots, X_n$ 是取自总体 X 的一个样本，$S_1^2 = \frac{1}{n}\sum_{i=1}^{n}(X_i - \mu)^2$，$S_2^2 = \frac{1}{n-1}\sum_{i=1}^{n}(X_i - \overline{X})^2$，证明：

   (1) S_1^2, S_2^2 均为 σ^2 的无偏估计量；

   (2) S_1^2 较 S_2^2 更有效.

3. 设总体 X 在区间 $[0, \theta]$ 上服从均匀分布，θ 未知，$X_1, X_2, \cdots, X_n$ 是取自总体 X 的一个样本.

   (1) 求未知参数 θ 的最大似然估计量 $\hat{\theta}$；

   (2) 问 $\hat{\theta}$ 是否是 θ 的无偏估计量.

4. 设总体 $X \sim N(\mu, 5^2)$，问样本容量 n 至少应取多大，才能使 μ 的一个置信度为 0.9 的置信区间的长度小于 2?

5. 设 $X_1, X_2, \cdots, X_n$ 为总体 $N(\mu, \sigma^2)$ 的一个样本，σ^2 已知，若 $\left(\overline{X} - b\frac{\sigma}{\sqrt{n}}, \overline{X} + a\frac{\sigma}{\sqrt{n}}\right)$ 是 μ 的置信度为 0.95 的一个置信区间，且 $b = u_{0.02}$，求常数 a.

6. 设总体 $X \sim N(\mu, \sigma^2)$，μ 已知，σ^2 未知，$X_1, X_2, \cdots, X_n$ 是取自总体 X 的一个样本，证明：σ^2 的置信度为 $1-\alpha$ 的一个置信区间为 $\left(\frac{\sum_{i=1}^{n}(X_i-\mu)^2}{\chi^2_{\frac{\alpha}{2}}(n)}, \frac{\sum_{i=1}^{n}(X_i-\mu)^2}{\chi^2_{1-\frac{\alpha}{2}}(n)}\right)$.

第八章　假 设 检 验

第一节　单个正态总体的假设检验

一、梳理主要内容

1. 假设检验的基本概念：

（1）假设检验的两类错误：

第一类错误(弃真错误)：H_0 为真但是拒绝了 H_0；犯第一类错误的概率记为 α.

第二类错误(取伪错误)：H_0 为假但是接受了 H_0；犯第二类错误的概率记为 β.

(注：当样本容量 n 固定时，α 小，β 就大；α 大，β 就小)

（2）显著性检验：只控制犯第一类错误的概率 α 的假设检验. 显著性水平即为犯第一类错误的概率.

2. 假设检验的一般步骤：

（1）根据实际问题的要求，提出原假设 H_0 及备择假设 H_1；

（2）给定显著性水平 α 以及样本容量 n；

（3）确定检验统计量以及拒绝域的形式；

（4）按照 $P\{$拒绝 $H_0 \mid H_0$ 为真$\} \leqslant \alpha$ 求出拒绝域；

（5）取样，根据样本观察值，对假设 H_0 作出决策，是拒绝 H_0 还是接受 H_0.

若检验统计量的观察值落入拒绝域，则拒绝 H_0；若检验统计量的观察值未落入拒绝域，则接受 H_0.

3. 单个正态总体均值与方差的检验法： 设总体 $X \sim N(\mu, \sigma^2)$，$X_1, X_2, \cdots, X_n$ 是取自总体 X 的一个样本，$\overline{X}$ 与 S^2 分别为样本均值与样本方差，则单个正态总体均值与方差的检验法(显著性水平为 α)为

原假设 H_0	检验统计量	备择假设 H_1	拒　绝　域
$\mu \geqslant \mu_0$ $\mu \leqslant \mu_0$ $\mu = \mu_0$ (σ^2 已知)	$Z = \dfrac{\overline{X} - \mu_0}{\sigma / \sqrt{n}}$	$\mu < \mu_0$ $\mu > \mu_0$ $\mu \neq \mu_0$	$z \leqslant -u_\alpha$ $z \geqslant u_\alpha$ $\lvert z \rvert \geqslant u_{\alpha/2}$
$\mu \geqslant \mu_0$ $\mu \leqslant \mu_0$ $\mu = \mu_0$ (σ^2 未知)	$t = \dfrac{\overline{X} - \mu_0}{S / \sqrt{n}}$	$\mu < \mu_0$ $\mu > \mu_0$ $\mu \neq \mu_0$	$t \leqslant -t_\alpha(n-1)$ $t \geqslant t_\alpha(n-1)$ $\lvert t \rvert \geqslant t_{\alpha/2}(n-1)$

续 表

原假设 H_0	检验统计量	备择假设 H_1	拒 绝 域
$\sigma^2 \geqslant \sigma_0^2$ $\sigma^2 \leqslant \sigma_0^2$ $\sigma^2 = \sigma_0^2$ (μ 未知)	$\chi^2 = \dfrac{(n-1)S^2}{\sigma_0^2}$	$\sigma^2 < \sigma_0^2$ $\sigma^2 > \sigma_0^2$ $\sigma^2 \neq \sigma_0^2$	$\chi^2 \leqslant \chi^2_{1-\alpha}(n-1)$ $\chi^2 \geqslant \chi^2_{\alpha}(n-1)$ $\chi^2 \leqslant \chi^2_{1-\alpha/2}(n-1)$ 或 $\chi^2 \geqslant \chi^2_{\alpha/2}(n-1)$

二、必做题型

1. 在假设检验问题中,显著性水平 α 的意义是(　　).

(A) 在原假设 H_0 成立的条件下,经检验 H_0 被拒绝的概率

(B) 在原假设 H_0 成立的条件下,经检验 H_0 被接受的概率

(C) 在原假设 H_0 不成立的条件下,经检验 H_0 被拒绝的概率

(D) 在原假设 H_0 不成立的条件下,经检验 H_0 被接受的概率

2. 阐述犯第一类错误的概率 α 和犯第二类错误的概率 β 之间的关系.

3. 设某个假设检验问题的拒绝域为 W, 当原假设 H_0 成立时,检验统计量的观察值落入 W 的概率为 0.05,则犯第一类错误的概率为________.

4. 设 $X_1, X_2, \cdots, X_{16}$ 是取自正态总体 $N(\mu, 3^2)$ 的样本,样本均值为 $\overline{X}$, 则在显著性水平 $\alpha = 0.025$ 下检验假设 $H_0: \mu \leqslant 5$; $H_1: \mu > 5$ 的拒绝域为________________.

5. 某化学日用品有限责任公司用包装机包装洗衣粉, 洗衣粉包装机在正常工作时, 装包量 $X \sim N(500, 2^2)$, 每天开工后, 需先检验包装机工作是否正常. 某天开工后, 在装好的洗衣粉中任取 9 袋,测得其质量(单位: g)如下:

505　499　502　506　498　498　497　510　503

假设总体标准差 σ 不变,即 $\sigma = 2$, 试问这天包装机工作是否正常? ($\alpha = 0.05$)

6. 某厂生产钢筋,要求强度(单位: kg/cm^2)为 20,今从该厂生产的一批钢筋中,随机抽取 9 根进行强度测试,得 $\overline{x}=19.5$, $s=0.54$, 设钢筋强度 X 服从正态分布 $N(\mu, \sigma^2)$, 问这批钢筋是否合格?($\alpha=0.05$)

7. 某种元件要求其使用寿命不得低于 1 000 h. 现从一批这种元件中随机抽取 25 只,测得其平均寿命为 950 h,已知该元件寿命服从正态分布 $N(\mu, 100^2)$, 问这批元件是否合格?($\alpha=0.05$)

8. 某电工器材厂生产一种保险丝,测量其熔化时间(单位: h),依通常情况,方差为 400. 今从某天的产品中抽取容量为 25 的样本,测得其熔化时间为 $\overline{x}=62.24$, $s^2=404.77$, 假设熔化时间服从正态分布,问这天保险丝的熔化时间分散程度较通常有无显著差异?($\alpha=0.01$)

9. 某工厂生产金属丝, 产品指标为折断力(单位: kg),常把折断力的方差作为工厂生产精度的表征. 方差越小, 表明精度越高. 以往工厂一直把该方差保持在 64 与 64 以下. 最近从一批产品中抽取 10 根作折断力试验, 测得的结果如下: $\overline{x}=575.2$, $s^2=75.74$, 问生产精度是否不如以前了?($\alpha=0.05$)

第二节　两个正态总体的假设检验

一、梳理主要内容

两个正态总体均值与方差的检验法：设总体 X 和 Y 相互独立，且 $X \sim N(\mu_1, \sigma_1^2)$，$Y \sim N(\mu_2, \sigma_2^2)$，又 $X_1, X_2, \cdots, X_{n_1}$ 是取自总体 X 的样本，$\overline{X}$ 与 S_1^2 分别为该样本的样本均值与样本方差. $Y_1, Y_2, \cdots, Y_{n_2}$ 是取自总体 Y 的样本，$\overline{Y}$ 与 S_2^2 分别为该样本的样本均值与样本方差，则两个正态总体均值与方差的检验法（显著性水平为 α）为

原假设 H_0	检验统计量	备择假设 H_1	拒　绝　域
$\mu_1 - \mu_2 \geqslant \delta$ $\mu_1 - \mu_2 \leqslant \delta$ $\mu_1 - \mu_2 = \delta$ （σ_1^2, σ_2^2 已知）	$Z = \dfrac{(\overline{X} - \overline{Y}) - \delta}{\sqrt{\dfrac{\sigma_1^2}{n_1} + \dfrac{\sigma_2^2}{n_2}}}$	$\mu_1 - \mu_2 < \delta$ $\mu_1 - \mu_2 > \delta$ $\mu_1 - \mu_2 \neq \delta$	$z \leqslant -u_\alpha$ $z \geqslant u_\alpha$ $\lvert z \rvert \geqslant u_{\alpha/2}$
$\mu_1 - \mu_2 \geqslant \delta$ $\mu_1 - \mu_2 \leqslant \delta$ $\mu_1 - \mu_2 = \delta$ （$\sigma_1^2 = \sigma_2^2 = \sigma^2$ 未知）	$t = \dfrac{(\overline{X} - \overline{Y}) - \delta}{S_w\sqrt{\dfrac{1}{n_1} + \dfrac{1}{n_2}}}$ $S_w^2 = \dfrac{(n_1 - 1)S_1^2 + (n_2 - 1)S_2^2}{n_1 + n_2 - 2}$	$\mu_1 - \mu_2 < \delta$ $\mu_1 - \mu_2 > \delta$ $\mu_1 - \mu_2 \neq \delta$	$t \leqslant -t_\alpha(n_1 + n_2 - 2)$ $t \geqslant t_\alpha(n_1 + n_2 - 2)$ $\lvert t \rvert \geqslant t_{\alpha/2}(n_1 + n_2 - 2)$
$\sigma_1^2 \geqslant \sigma_2^2$ $\sigma_1^2 \leqslant \sigma_2^2$ $\sigma_1^2 = \sigma_2^2$ （μ_1, μ_2 未知）	$F = \dfrac{S_1^2}{S_2^2}$	$\sigma_1^2 < \sigma_2^2$ $\sigma_1^2 > \sigma_2^2$ $\sigma_1^2 \neq \sigma_2^2$	$F \leqslant F_{1-\alpha}(n_1 - 1, n_2 - 1)$ $F \geqslant F_\alpha(n_1 - 1, n_2 - 1)$ $F \leqslant F_{1-\alpha/2}(n_1 - 1, n_2 - 1)$ 或 $F \geqslant F_{\alpha/2}(n_1 - 1, n_2 - 1)$

二、必做题型

1. 对于分别取自两个正态总体的独立样本，总体均值和方差 $\mu_1, \mu_2, \sigma_1^2, \sigma_2^2$ 均未知，S_1^2，S_2^2 为这两个样本的样本方差，则检验假设 $H_0: \sigma_1^2 = \sigma_2^2$；$H_1: \sigma_1^2 \neq \sigma_2^2$，采用的是________检验法，当 H_0 成立时，检验统计量________服从________分布，拒绝域为________.

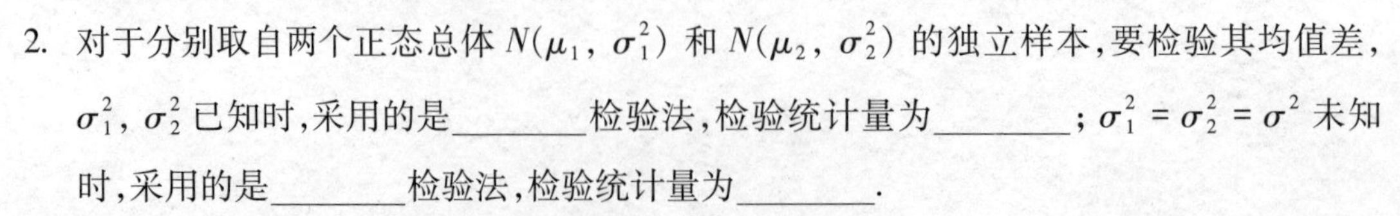

2. 对于分别取自两个正态总体 $N(\mu_1, \sigma_1^2)$ 和 $N(\mu_2, \sigma_2^2)$ 的独立样本，要检验其均值差，σ_1^2, σ_2^2 已知时，采用的是________检验法，检验统计量为________；$\sigma_1^2 = \sigma_2^2 = \sigma^2$ 未知时，采用的是________检验法，检验统计量为________.

3. 设甲、乙两厂生产同样的灯泡，其寿命（单位：h）X、Y 分别服从正态分布 $N(\mu_1, \sigma_1^2)$ 和 $N(\mu_2, \sigma_2^2)$，已知它们寿命的标准差分别为 84 h 和 96 h，现从两厂生产的灯泡中各取

60 只，测得平均寿命为：甲厂 1 295 h，乙厂 1 230 h，能否认为两厂生产的灯泡寿命无显著差异（$\alpha = 0.05$）？

4. 某厂使用 A、B 两种不同的原料生产同一类型产品，分别在 A、B 一星期的产品中取样进行测试，取 A 种原料生产的样品 220 件，B 种原料生产的样品 205 件，测得平均重量（单位：kg）和重量的方差为：

$$A: \bar{x} = 2.46,\ s_1^2 = 0.57^2,\ n_1 = 220;$$

$$B: \bar{y} = 2.55,\ s_2^2 = 0.48^2,\ n_1 = 205.$$

设这两个总体相互独立，均服从正态分布且方差相同，问在显著性水平 $\alpha = 0.05$ 下，能否认为使用原料 B 生产的产品的平均重量比使用原料 A 生产的产品的要大？

5. 设两台机床 A、B 加工相同的零件，零件的尺寸服从正态分布，标准差分别为 $\sigma_A = 5.3$ cm，$\sigma_B = 6.1$ cm，现从两台机床加工的零件中各抽取 50 件，测得平均尺寸分别为 $\bar{x}_A = 174.3$ cm，$\bar{x}_B = 170.4$ cm，问在显著性水平 $\alpha = 0.05$ 下，能否认为机床 A 加工的零件尺寸明显大于机床 B 加工的零件尺寸？

6. 为了研究机器 A、B 生产的钢管内径(单位: mm),随机抽取 A 机器生产的钢管 8 根,测得样本方差为 $s_1^2 = 0.29$, 随机抽取 B 机器生产的钢管 9 根,测得样本方差为 $s_2^2 = 0.34$. 设 A, B 机器生产的钢管内径均服从正态分布,且两个总体相互独立,试比较 A, B 机器加工的精度有无显著性的差异?($\alpha = 0.01$, $F_{0.005}(8, 7) = 8.68$, $F_{0.005}(7, 8) = 7.69$)

7. 某厂有两台机器生产金属部件,分别在两台机器所生产的部件中抽取容量为 $n_1 = 61$ 和 $n_2 = 41$ 的样本,测得部件重量(单位: g)的样本方差分别为 $s_1^2 = 15.46$, $s_2^2 = 9.66$, 设两个样本相互独立,两总体分别服从正态分布 $N(\mu_1, \sigma_1^2)$ 和 $N(\mu_2, \sigma_2^2)$. 试在显著性水平 $\alpha = 0.05$ 下检验假设 $H_0: \sigma_1^2 \leqslant \sigma_2^2$; $H_1: \sigma_1^2 > \sigma_2^2$.

第八章　假设检验　测试题

1. 对正态总体均值μ进行检验,若在显著性水平 0.1 下,接受假设 $H_0:\mu=\mu_0$,则在显著性水平 0.05 下,(　　).

　(A) 拒绝 H_0　　　　(B) 不接受也不拒绝 H_0

　(C) 接受 H_0　　　　(D) 可能接受也可能拒绝 H_0

2. 某超市为了增加销售额,对营销方式和人员管理进行了一系列的调整,调整后随机抽查了 9 天的日销售额(单位: 万元),经计算得: $\bar{x}=54.5$, $s^2=12.96$, 据统计,调整前的日平均销售额为 51.2 万元,假定日销售额服从正态分布,问此超市的调整措施是否有显著效果?($\alpha=0.05$)

3. 在正常情况下,维尼纶纤度(单位: D)服从正态分布,方差不大于 0.048^2, 某日抽取 9 根维尼纶进行检测,测得: $\bar{x}=1.45$, $s^2=0.04^2$, 问该日生产的维尼纶纤度是否正常?($\alpha=0.05$)

4. 为比较两批棉纱的断裂强度(单位: kg),从中各取 200 个和 100 个样本进行测试,得

第一批棉纱: $n_1 = 200$, $\bar{x} = 0.532$, $s_1^2 = 0.218$;

第二批棉纱: $n_2 = 100$, $\bar{y} = 0.576$, $s_2^2 = 0.198$.

设这两批棉纱的断裂强度相互独立,均服从正态分布且方差相同,问这两批棉纱的断裂强度的均值有无显著差异?($\alpha = 0.1$)

5. 两位化验员甲、乙对一种矿砂的含量独立地用同一种方法进行分析,甲、乙分别分析了 9 次和 10 次,得: $s_1^2 = 0.5395$, $s_2^2 = 0.6016$, 设甲、乙测定值的总体均服从正态分布,问两化验员测定值的方差有无显著差异?($\alpha = 0.01$)

6. 分别用两个不同的计算机系统检索 10 个资料,测得其平均检索时间(单位: s)及方差如下: $\bar{x} = 3.097$, $s_1^2 = 2.67$, $\bar{y} = 3.179$, $s_2^2 = 1.21$, 假定检索时间服从正态分布,问用这两个计算机系统检索资料有无明显差别?($\alpha = 0.05$)

概率论与数理统计模拟测试题(一)

1. 填空题:

(1) 设事件 A 与 B 相互独立, $P(A)=0.3$, $P(A\cup B)=0.8$, 则 $P(B)=$________.

(2) 设 $P(A)=\frac{1}{4}$, $P(B)=\frac{1}{5}$, 若事件 A 与 B 互不相容,则 $P(A-B)=$________; 若事件 A 与 B 相互独立,则 $P(A-B)=$________.

(3) 设随机变量 $X\sim N(2,4)$, 则 $\frac{X-2}{2}\sim$________, $E(X^2)=$________.

(4) 设 X 和 Y 是相互独立的随机变量, $X\sim U(2,3)$, $Y\sim P(2)$, $E(5X-4Y)=$______, $D(5X-4Y)=$________.

(5) 设 X 与 Y 独立同分布,分布律为

X	-2	1
p	$1/4$	$3/4$

则 $Z=\min\{X,Y\}$ 的分布律为________.

2. 选择题:

(1) 设 A、B、C 是三个事件, $P(A)=P(B)=P(C)=\frac{1}{4}$, $P(AB)=P(BC)=P(AC)=\frac{1}{7}$, $P(ABC)=0$, 则 $P(A\cup B\cup C)=$(　　).

(A) $\frac{7}{28}$　　(B) $\frac{9}{28}$　　(C) $\frac{5}{28}$　　(D) $\frac{2}{28}$

(2) 一批产品中有 10 件正品和 4 件次品,现随机抽取两次,每次取一件,取后放回,则第二次取到次品的概率为(　　).

(A) $\frac{5}{14}$　　(B) $\frac{6}{14}$　　(C) $\frac{4}{14}$　　(D) $\frac{8}{14}$

(3) 设随机变量 X 的概率密度为 $f(x)=\begin{cases}Ax, & 0<x<2,\\ 0, & \text{其他},\end{cases}$ 则 $P\left\{\frac{1}{2}<X<1\right\}=$(　　).

(A) $\frac{3}{8}$　　(B) $\frac{3}{16}$　　(C) $\frac{3}{4}$　　(D) $\frac{1}{2}$

(4) 设 X、Y 为随机变量, $E(X)=E(Y)=1$, $D(X)=2$, $D(Y)=4$, 令 $Z_1=aX+bY$, $Z_2=aX-bY$, a 与 b 为常数,则 $\mathrm{Cov}(Z_1,Z_2)=$(　　).

(A) $2(a^2-b^2)$　(B) $4a^2-2b^2$　(C) $4(a^2-b^2)$　(D) $2a^2-4b^2$

(5) 设 $X_1, X_2, \cdots, X_n$ 是取自总体 $N(\mu, \sigma^2)$ 的一个样本,则 $\sum_{i=1}^{n}\left(\frac{X_i-\mu}{\sigma}\right)^2 \sim$ (　　).

(A) $\chi^2(n)$　(B) $\chi^2(n-1)$　(C) $t(n)$　(D) $t(n-1)$

3. 某工厂的车床、钻床、磨床、刨床的台数之比为 3∶2∶1∶4, 它们在一定时间内需要修理的概率分别为 $\frac{1}{4}$、$\frac{1}{3}$、$\frac{1}{12}$、$\frac{1}{4}$. 求:

(1) 有一台机床需要修理的概率;

(2) 当有一台机床需要修理时,这台机床是车床的概率.

4. 设随机变量 X 的概率密度为 $f(x)=\begin{cases} x, & 0<x\leqslant 1, \\ 2-x, & 1<x\leqslant 2, \\ 0, & \text{其他}, \end{cases}$ 求:

(1) X 的分布函数 $F(x)$;

(2) $Y=X^2$ 的概率密度.

5. 设二维随机变量 (X, Y) 的概率密度为 $f(x, y)=\begin{cases}12y^2, & 0<y<x<1, \\ 0, & \text{其他},\end{cases}$

(1) 求边缘概率密度 $f_X(x)$, $f_Y(y)$;

(2) 问 X 和 Y 是否相互独立;

(3) 求 $P\{X+Y\leqslant 1\}$;

(4) 求 $\mathrm{Cov}(X, Y)$.

6. 设各零件的质量(单位：kg)都是随机变量,它们相互独立,且服从相同的分布,其数学期望为 0.5,均方差为 0.1,问 5 000 只零件的总质量超过 2 510 kg 的概率是多少?

7. 设总体 X 的概率密度为 $f(x;\theta)=\begin{cases}\sqrt{\theta}x^{\sqrt{\theta}-1}, & 0<x<1,\\ 0, & 其他,\end{cases}$ θ 未知,且 $\theta>0$, $X_1, X_2, \cdots,$

X_n 是取自总体 X 的一个样本,求 θ 的矩估计量和最大似然估计量.

8. 某厂用自动包装机包装方便面,设每袋方便面的质量 X(单位: g)服从正态分布 $N(\mu, \sigma^2)$,机器工作正常时,均值为576,现随机抽取9袋,测得每袋方便面的质量为

578 575 572 572 574 576 584 571 573,问该机器工作是否正常?($\alpha=0.05$)

概率论与数理统计模拟测试题(二)

1. 填空题:

(1) 设事件 A 与 B 互不相容, $P(A)=0.2$, $P(B)=0.4$, 则 $P(\overline{A}\,\overline{B})=$________.

(2) 某地区成年人患结核病的概率为0.05,患高血压的概率为0.1,设这两种病的发生是相互独立的,则该地区内任一成年人同时患有这两种病的概率为________,至少患有其中一种疾病的概率为________.

(3) 设 X 和 Y 是相互独立的随机变量, $X\sim N(-1,2)$, $Y\sim N(2,1)$, $Z=X-Y$, 则 $E(Z)=$________, $D(Z)=$________, Z 的概率密度为________________.

(4) 设 X、Y 为随机变量, $E(X)=E(Y)=1$, $D(X)=2$, $D(Y)=3$, $E(XY)=3$, 则 $D(X+2Y)=$________, $\rho_{XY}=$________.

(5) 设 X 和 Y 是相互独立的随机变量, $X\sim\chi^2(2)$, $Y\sim\chi^2(5)$, 则 $X+Y$ 服从分布________, $\dfrac{5X}{2Y}$ 服从分布________, $E(X+Y)=$________, $D(X+Y)=$________.

2. 选择题:

(1) 设 A、B 是两个事件,且 $P(A)=0.4$, $P(B)=0.3$, $P(AB)=0.12$, 则(　　).

(A) A 与 B 互不相容　　(B) A 与 B 互为对立事件

(C) A 与 B 相互独立　　(D) $P(A\cup B)=P(A)+P(B)$

(2) 对某一目标依次进行三次独立射击,第一、二、三次击中目标的概率分别为0.2、0.6、0.4,则仅在第三次才击中目标的概率为(　　).

(A) 0.032　　(B) 0.192　　(C) 0.072　　(D) 0.128

(3) 设随机变量 $X\sim N(2,9)$, 则 $P\{X\leqslant 8\}=$(　　).

(A) $\Phi(1)$　　(B) $1-\Phi(1)$　　(C) $\Phi(2)$　　(D) $1-\Phi(2)$

(4) 设随机变量 $X\sim B(n,p)$, $E(X)=0.4$, $D(X)=0.32$, 则 n 与 p 的值分别为(　　).

(A) $n=2$, $p=0.2$　　(B) $n=4$, $p=0.1$

(C) $n=40$, $p=0.01$　　(D) $n=20$, $p=0.02$

(5) 设 X_1, X_2 是取自总体 X 的一个样本, $E(X)=\mu$, $D(X)=\sigma^2$, 则下列 μ 的无偏估计量中哪一个最有效(　　).

(A) $\hat{\mu}_1=\dfrac{2}{3}X_1+\dfrac{1}{3}X_2$　　(B) $\hat{\mu}_2=X_2$

(C) $\hat{\mu}_3=\dfrac{1}{2}X_1+\dfrac{1}{2}X_2$　　(D) $\hat{\mu}_1=\dfrac{1}{4}X_1+\dfrac{3}{4}X_2$

3. 设有一外地的朋友约定时间来访,他乘火车、轮船、汽车、飞机来的概率分别为 $\frac{3}{10}$、$\frac{1}{5}$、$\frac{1}{10}$、$\frac{2}{5}$,乘火车、轮船、汽车、飞机迟到的概率分别为 $\frac{1}{4}$、$\frac{1}{3}$、$\frac{1}{12}$、$\frac{1}{8}$. 求:

(1) 此人迟到的概率;

(2) 已知此人迟到了,此人乘火车来的概率.

4. 袋中有 3 个红球,2 个白球,2 个黑球,现从中任取两个球,X 表示取出的两个球中黑球的个数. 求:

(1) X 的分布律;

(2) X 的分布函数 $F(x)$;

(3) $E(X)$、$D(X)$;

(4) $Y = X^2 + 1$ 的分布律.

5. 设二维随机变量 (X, Y) 的概率密度为 $f(x, y) = \begin{cases} Ax^2y, & 0 < y < 1, 0 < x < y, \\ 0, & \text{其他}, \end{cases}$ 求:

(1) 常数 A;

(2) 边缘概率密度 $f_X(x)$、$f_Y(y)$;

(3) 条件概率密度 $f_{X|Y}(x \mid y)$、$f_{Y|X}(y \mid x)$;

(4) $P\{Y \leqslant 2X\}$.

6. 某保险公司多年的资料表明,在索赔户中,被盗索赔户占20%,以 X 表示在随机抽查的100个索赔户中因被盗问题而向保险公司索赔的户数,求 $P\{14 \leqslant X \leqslant 30\}$.

7. 设某机器生产的零件长度 X (单位: cm)服从正态分布 $N(\mu, \sigma^2)$, 现从中抽取容量为25的样本,测得: $\bar{x} = 15$, $s^2 = 0.49$. 求:

(1) μ 的置信度为0.9的一个置信区间;

(2) σ^2 的置信度为0.9的一个置信区间.

8. 某厂生产的某种细纱的支数 X 服从正态分布 $N(\mu, \sigma^2)$, 其标准差为1.2,现从某日生产的一批产品中,随机抽取16缕进行检测,测得: $s = 1.5$, 在显著性水平 $\alpha = 0.05$ 下,问细纱的均匀程度有无显著变化?